Nezar AlSayyad

Traditions:

The "Real", the Hyper, and the Virtual in the Built Environment

丛书主编：黄华青 李耕

建 筑 人 类 学 ■ 跨 文 化 的 视 野

建成环境中的传统

“真实”、超真和拟真

[美] 奈扎 · 阿尔萨耶 著

黄华青 梁宇舒 译

清华大学出版社

北 京

北京市版权局著作权合同登记号 图字：01-2020-6256

Traditions: The “Real”, the Hyper, and the Virtual in the Built Environment/ by Nezar AlSayyad /
ISNB:9780415777735

图书在版编目（CIP）数据

建成环境中的传统："真实"、超真和拟真 /（美）奈扎·阿尔萨耶（Nezar AlSayyad）著；黄华青，梁宇舒译. —北京：清华大学出版社，2021.6
（建筑人类学·跨文化的视野）
书名原文: Traditions: The “Real”, the Hyper,and the Virtual in the Built Environment
ISBN 978-7-302-57818-5

Ⅰ. ①建… Ⅱ. ①奈… ②黄… ③梁… Ⅲ. ①建筑学—环境理论—研究 Ⅳ. ①TU-023

中国版本图书馆CIP数据核字（2021）第057003号

责任编辑： 冯 乐
封面设计： 吴丹娜
版式设计： 谢晓翠
责任校对： 王荣静
责任印制： 杨 艳

出版发行： 清华大学出版社
网 址： http://www.tup.com.cn, http://www.wqbook.com
地 址： 北京清华大学学研大厦A座 **邮 编：** 100084
社总机： 010-62770175 **邮 购：** 010-62786544
投稿与读者服务： 010-62776969, c-service@tup.tsinghua.edu.cn
质量反馈： 010-62772015, zhiliang@tup.tsinghua.edu.cn
印装者： 三河市春园印刷有限公司
经 销： 全国新华书店
开 本： 154mm×220mm **印 张：** 18.25 **字 数：** 224千字
版 次： 2021年6月第1版 **印 次：** 2021年6月第1次印刷
定 价： 99.00 元

产品编号：081522-01

献给安娜亚·罗伊，

怀着感激与希望。

中文版序一

“传统”一词，在客观现象上可对应“现代”或“时尚”，而在主观行为上可对应“变革”或“创新”，这是不言而喻的普适概念。因而“传统”也常与“过时”或“守旧”等较为负面的词汇相关联。那么，我们究竟应该怎样看待建成环境中的“传统”呢？

美国加州大学中东研究中心主任奈扎•阿尔萨耶教授所著《建成环境中的传统：“真实”、超真和拟真》一书，以10个系列命题的探讨，为我们展现了20世纪80年代以来，西方建筑历史与理论界对建成环境中传统问题的思考理路，对全球化背景下传统观与现代性的博弈特征及其递变历程，作了系统的反思和批判，给人以全方位、多视角的学术透视感。

本书首先将建成环境中“真实的”传统（“real”-tradition），对位于工业体系之外的民间风土建筑（vernacular architecture），接着将狭义遗产语境中的“真实性”，放到广义传统的语境中进行讨论。作者进而与众不同地提出了一个核心观点，即：在全球化和城市化所带来的“文化霸权”支配和“消费传统”浪潮的冲击下，与特定地域性及场所感相关联，作为身份认同及价值本源而得以代际相传的传统“真实性”，正经历着消解、转化以至终结的过程。这一判断，对建筑学的发展境况而言，无疑是发人深省的洞见。

不仅如此，作者还认为，如我们当下所看到的，与多元包容的全球化截然不同的“后全球化”现象，反映了各种层出不穷的全球性交集

（global intersection），包括与“文明冲突”及“乌托邦”话语相伴随的传统反弹等，正借助于当代空前发达的交通和信息技术，在社会文化领域催生出迥异于既往时空观的“超真的”传统（hyper-tradition）。作者由此进一步诘问传统的演进走向，指出在晚近的虚拟领域及遗产话语的助推下，建成环境中的“虚拟的”传统（virtual-tradition），正在以前所未有的惊人方式，改变着主体经验与客体环境之间曾经毋庸置疑的对应关系。当然如此广泛的讨论，最终还是要回到承载传统的建筑本体。如作者所言：“本书构思的主旨，即是回答传统在本质上何以是一种空间工程及其流程的核心命题（spatial project and process）”。

对此，我曾撰文提出，建筑传统可以概括为四个范畴。其一为建造和使用的习俗，不经意地表现在主体思维方式和行为习惯的日常性中；其二为文化象征和身份认同的载体，是古往今来通过建造方式形成，并受法律所保护的“建成遗产”（built heritage）；其三为历史形式的复兴，司空见惯于现代的仿古建筑，用以怀古恋旧及文化消费；其四为原型意象（archetypal image）的再现，是建筑文化基因的传承与转化。相较而言，第四个范畴对建筑师群体或许更具挑战性，因为任何建成形式的现代创意，本质上都源于合目的性或象征性的原型意象，而不明就里的随心所欲，或一目了然的表象模仿，均难以真正企及创造的层次。

回头再细细揣摩本书大意，愈发感到阿尔萨耶教授的“建成环境中的传统”议题，实属当代建筑学前沿中值得反复思忖的批判性话语。书中所述观点之犀利，所涉视野之开阔，都大大超出了一般建筑传统问题讨论的范畴，可以说叙事宏大，寓意深刻，语境广延，逻辑清晰，对于检视和推进国内建筑界在传统问题上的思考与实践，有着非同寻常的参考价值。

是为序。

中国科学院院士

美国建筑师学会荣誉会士（Hon. FAIA）

同济大学建筑与城市规划学院教授

2020年2月23日于上海寓所

中文版序二

真实的传统与传承

我和奈扎·阿尔萨耶教授虽见面不过几次，却是多年的“同事”了。自2002年前后，“空间习性：亚洲建筑之形成与含义（Spatial Habitus: Making and Meaning in Asia’s Architecture）”丛书创办以来，我和那仲良（Ronald Knapp）先生任主编，即邀请阿尔萨耶做编委和学术顾问。“空间习性”丛书虽然超越“民居”与“传统”的限定，但阿尔萨耶在传统聚落、民居以及“国际传统环境研究会”的丰硕成果，是我们这套丛书关注的对象。近20年来，“空间习性”已出版十多部专著，涵盖中国、日本、韩国、印度及中东等地区，与阿尔萨耶及同事在“国际传统环境研究会”的研究和出版形成了两条有趣的平行线。

阿尔萨耶埃及裔的背景和加州伯克利的学术氛围，应该对其学术对象和研究角度有些影响。那一代在西方的“少数民族”裔学者多少是爱德华·萨义德《东方主义》的追随者，往往以“边缘”和“非主流”为学术对象；伯克利自反越战开始就是浸染着一种抗争精神的场所：即为被主流社会所忽略的少数群体发声。阿尔萨耶和同事以传统聚落和住屋文化为学术核心，应该说是以上背景的天然产物。

自19世纪末期到20世纪中叶，西方学者从文化人类学和建筑的角度来研究看待传统聚落和民居，如欧洲现代艺术家对日本和非洲原始艺术的兴趣一般，除了对异域色彩的追求，多数是站在西方文化的主导立场上的。虽然不少西方学者尽了努力，并在政治正确的驱使下，试图摆脱主流文化居高临下的研究视角，而真正以“主人翁”的姿态和心态来看待“非”现代和“前”现代的传统聚落，阿尔萨耶及其伯克利小分队自80年代起应是学界的一道亮丽风景。

纵观阿尔萨耶主持25年历届学术聚会的主题，似乎可以看到两种观念的渐变：一是传统从“边缘”走向“中心”，即从传统社会走向现代社会，于是传统聚落转向消费社会和全球化；二是传统以“真实”渐变为超真和拟真，于是有了本书的书名。2000年意大利特拉尼会议的主题——“传统的终结？”显然是对弗朗西斯·福山“历史终结论”的回应。问号已预示传统并未终结。自此以后，传统的复杂性变得无法回避，而传统的现代性更是经由埃里克·霍布斯鲍姆“传统的发明”而更具创造性。

至此，我们似乎可以看到，阿尔萨耶学术发展的心路历程，已从非主流“保守不变的传统”转型为与时俱进、多变、复杂而具有创造型的新传统。而“传承”和“持续性”则是令新鲜事物变得合法化的手段了。

他山之石，有何借鉴？中国传统的边缘化，在世界历史的长河中，为时不长，仅是18世纪后二百多年的一段；而中国的传统一向是主流核心，从未因为是不变的传统而走向边缘化。鸦片战争后一个多世纪的科技兴国，发明创造不在话下。但传统中不变的部分，其传承与可持续性恐怕不是将新鲜事物和发明创造以“传统”来合法化的问题。中国历史之长，宝藏之多，若能将传统中的精华还原、还真，那便是传承了。

如何传承？处在阿尔萨耶的位置，需与时俱进。不过，新冠的发生，已令福山的“历史终结论”，恍若明日黄花。中国传统的传承，让我们不妨试一下南怀瑾先生的办法：孔孟之道为粮食店，每日必光顾；道家为药店，生病时要去造访；佛家为百货店，有钱和有闲暇时，可以去逛一逛。

阮昕

上海交通大学设计学院首任院长

光启讲席教授

序

本书的渊源可追溯至1987年秋，那年，我与好友、同事让·保罗·布迪埃共同在加州大学伯克利分校教授一门有关乡土建筑[①]的课程。我们共同感兴趣的话题是，世界各地的住屋和聚落的形式与文化，及其对所处社会的反映。我们的讨论（某种程度上是争论）进而激励我们撰写了一份关于传统的宣言，提出传统是塑造世界各地，尤其是"第三世界"的建成环境的重要力量。让我们始料未及的是，这份宣言作为对关于传统的一种全新学术语境的呼唤，会在学术界激发如此热烈的讨论，包括建筑师、建筑史学家、人文地理学者和城市人类学家等。显而易见，已有相当数量的学者涉足传统建成环境的学术研究，于是我们决定在1988年4月召开一次会议，名为"比较视野下的传统住屋和聚落"。我们的初衷是号召更多的研究者关注这个跨学科话题——传统是如何在各地建成环境的塑造中被唤醒（invoke）和使用的。那次会议的成功举办，随即推动建立了"国际传统环境研究会"（后文简称IASTE）及其期刊《传统住屋与聚落评论》。从那时起，至今将近四分之一个世纪中，我的生命几乎都与IASTE及其会议、期刊和其他活动密

① 译者注：英文"vernacular architecture"在国内未见通行翻译，较常见的对应词包括"乡土建筑""风土建筑""民居"等。在英文学术语境下，"vernacular architecture"并不限于乡村或历史环境，而可指向所有未经专业建筑师设计的平民建筑、日常建筑等。为此，后文常见的"dwelling"和"settlement"两个词亦采取较广义的翻译为"住屋"和"聚落"——既可以是传统的，也可以是当代的；可以指向城市，也可以指向乡村；"house"则翻译为住宅。

切交织。在主编了三本关于传统话题的颇受好评的论著后，我近期决定，是时候将我所有的思考汇聚在本书中了。

无论我们在何领域，都无法脱离传统的影响。有时候，我们利用传统来到达一个特定位置；还有些时候，我们也许会刻意反叛传统、突破它的限制。建成环境及其创造者也面临同样的抉择。然而，传统这个概念本身——如我希望用这本书诠释的——是极其复杂的，甚至在文化与文化之间难以准确互译。例如，在许多欧洲语言中，“传统”（tradition）一词（意大利语tradizione、法语tradition、西班牙语tradición、葡萄牙语tradição、德语überlieferung）意味着经历了代际传承的一种信仰、一种风俗或一种实践。几乎在所有欧洲语言中，“传统”的定义都不同于“遗产”（heritage）概念，后者仅仅意味着某种特定的物质遗存，可以是一种具有民族和全球价值的产业、物件或是场所。

然而在其他语言中，与西方意义上的“tradition”对应的词汇并不一定存在，或内涵迥异。例如在阿拉伯语中，最接近“tradition”一词的是“taqlid”，该词词根是“qallad”，意味着将某物“托付”“授予”“赋予”或“赠予”某人。这个词意味着被授予者没有选择的权力，意味着他要用毕生时间守护该物。因此，阿拉伯语中的“传统”就带有约束、责任的内涵。这个词还有一个重要用法，有“模仿”或“复制”之意。这就仿佛“传统”只是对过去的模仿，而不是真正传承之物。然而，一个有趣的翻转是，阿拉伯语中“turath”一词同样有“历史传统”的意思。在波斯语中，“tradition”的对应词是“sonnat”，代表了一种延续古老方法创作的“实践”或“物品”。

在汉语中，“tradition”对应词是“传统”，像很多中文词汇一样，“传统”的内涵同样是开放性的。“传统”的当代用法通常指向“文化传统”，甚至是“民族传统”。“传统”和“文化传统”两个词常可相互指代。汉语中“heritage”的对应词是“遗产”，这个词指那些从过去继承之物，可以是有形的，也可以是无形的——如风俗习惯、知识或其他实践。在孟加拉语中，“tradition”的对应词是“aithijya”，“heritage”的对应词则是“uttaradhikar”。那里与欧洲不同的是，一座具有历史价值的建筑会被命名为建筑遗产而非传统建筑。在印尼语中，“tradition”的对应词是“tradisi”，这个词可能形成于荷兰殖民时期，仅仅意味着“习惯”或“风俗”。

鉴于传统在不同文化中的不同内涵，以及在建成环境塑造中发挥的不同作用的矛盾性，我们不可能提出一个关于传统和建成形式的普适定义。因此，这本书并不试图涵盖一切。相反，它只是我探索传统之路的沿途笔记，包含了我关于世界各地传统的理论及其应用的思索。因此，这本书应视为一部论文集，有些论文彼此相关，有些则不，它们共同探讨着一些相互重叠的概念、属性、主题、实践和当代挑战。

尽管这本书的思考准备已绵延逾20年，但切实的研究和写作是在过去四年中完成的。我需要对在此期间给予我不同形式帮助的诸多个人表达感谢。首先，我要感谢参与我举办的传统研讨班的四届学生。他们的参与，尤其是课堂作业中贡献的研讨案例，让我受益良多。几位研究助理协助我完成了这本书。项目初期的埃琳娜·伊恩（Elena Ion）出色地记录了我们所有课堂讨论。西尔维亚·南（Sylvia Nam）中途接手项目，她是我研究道路上的思考伙伴。她选取新的论著、撰写出色的摘要，并帮助我完成本书每一章的概念梳理。严秀珍（Sujin Eom）在后期加入项目，帮助我进行三章的研究和成文工作。瓦拉·阿尔-胡拉提特（Walaa Al-Khulaitit）协助我完善了全书的文字并完稿。她工作了几乎一整年，对草稿做出了大量修正，最终形成本书。她同时负责筛选图片，并协调烦琐的图片版权问题。我对她细致入微的工作、搜索材料的持久热情及对项目的全新投入深表感谢。

当然，和我的其他书一样，我要感谢作为我的导师与朋友逾二十载的大卫·莫法特（David Moffat）先生，他以犀利的眼光审视了全书文稿并作出多处修订。亚历山大出版社的安·拉德金（Ann Rudkin）女士，她是我长期合作的编辑，帮助处理书本在出版端的事宜。我十分感激她的耐心、鼓励和职业精神。最后，还要感谢加利福尼亚大学伯克利分校中东研究中心（CMES）的全体成员，以及那些曾参加IASTE会议的同事和演讲者，他们的作品不断给我启发，也可能会出现在本书之中。

我希望这本书——作为我对于传统和建成环境研究的盖棺定论，尽管它仍不完美——能够对未来的学者有所启发，广为传播，让老传统的维系和新传统的创造过程生生不息。

奈扎·阿尔萨耶

2013年12月，于伯克利

目录
CONTENTS

引言
传统与建成环境研究

进入21世纪以来，对于传统住屋及聚落隐含的社会与文化价值、意象及观念的研究，广泛见于多个相关学科领域中。学者们针对各种研究主题引入特定的标签，如“乡土的”（vernacular）、“本地的”（indigenous）、“原生的”（primitive）、“部族的”（tribal）、“民俗的”（folkloric）、“通行的”（popular）、“匿名的”（anonymous）等。无论如何，尽管无法找到一个能够涵盖一切的恰当标签，并不妨碍我们将这些住屋和聚落归入同一个分析类别。以上这些针对特定建筑和空间的标签有一共同特点：它们皆描述了一个随着某个社会中足够多人的采纳而形成一种常规做法的过程。

鉴于此，我们不妨使用一种最广义的“传统”概念来涵盖以上所有标签。这个词在当下这个时代或许会很适用，因为学者们逐步发现，对于这类并未经历任何专业审美判断、生发于日常经验的建成环境的研究，是一项跨学科、跨文化的任务，与科学、医学或工程领域的研究皆不相同。[1]“传统”一词亦可恰当地描述一个代际传播的核心价值体系。“传统”是关乎过程的，因而它异于“本土”或“乡土”这些概念——后者只为描述住屋的源头或是建造的方式。[2]

理解传统建成环境有多条路径，包括人类学的、建筑学的、考古学的、行为学的，还有结构意义上的。各个学科采取不同的视角，分析人类建造住屋的方式和途径，以及构思这些环境的过程中涉及的象征主义和实用思维。这些各不相同的路径各自强调诸如文化、宗教、气候、安全、经济条件、社会结构、性别关系等因素，这些因素塑造抑或改变了建筑形式。

传统住屋和聚落作为一个研究领域并非新近之事，早在19世纪初就随着摩尔根①（Morgan）和摩斯②（Morse）的研究工作而开始。[3]20世纪60年代，伯纳德·鲁道夫斯基（Bernard Rudofsky）在纽约现代艺术博物馆（MoMA）策划的著名展览“没有建筑师的建筑”及其同名著作，进一步推动了传统建成环境研究的普及。[4]鲁道夫斯基试图将这类建筑史学家避之不及的非正规、非正统建筑纳入一个类别框架之中。他指出，建筑史学家所追逐的目标往往过于狭隘，建筑和设计史作为一个学科存在偏见——在社会层面偏向于富裕和权势阶层的建筑，在政治层面则偏向于西方的建筑。他进而强调，建筑师参与设计的建筑仅是建成环境中的沧海一粟，而其他大部分建筑皆为普通人、普通社群的非职业作品。同时他试图阐释，这些“无师自通的建造者”如何展现出让建筑融入自然环境的天赋，而非狂妄地试图征服自然。鲁道夫斯基的展览中有一个案例是西非的多贡人聚落。从鸟瞰照片来看它形如废墟（图0.1），而镜头拉近后，便可发现它其实是个由平顶住宅及茅草屋组成的村落（图0.2）。由于缺乏任何大型建筑、车辆甚至是街道，这个村落在外行眼中仿佛是一种最原始的聚落形态；但鲁道夫斯基辩解道，深入的民族志调查已揭示，它是一个精细复杂的文化结构的产物，只是这种文化与西方人所熟

---

①译者注：路易斯·亨利·摩尔根（Lewis Henry Morgan，1818—1881），美国民族学家、人类学家。他对易洛魁人的研究对后期人类学对社会制度、亲属制度的研究影响很大。

②译者注：爱德华·摩斯（Edward S. Morse，1838—1925），美国博物学家、东方学家，曾在日本长期考察工作，是日本和中国文化在西方的早期推介者之一。

图0.1　多贡人聚落航拍

图0.2　多贡人聚落近景

悉的完全不同而已。

接下来的十年，该研究领域进一步发展，一批重要作品陆续出版，包括阿莫斯·拉普卜特（Amos Rapoport）的《宅形与文化》（1969），恩里克·基多尼（Enrico Guidoni）的《原生建筑》（1978），保罗·奥利弗（Paul Oliver）的《世界住屋文化》（1987）。这类作品的顶峰是保罗·奥利弗主编的鸿篇巨著《世界乡土建筑百科全书》，在20世纪90年代末出版。

1988年，作为对这一勃兴学术研究的回应，我联名发起了第一届传统住屋和聚落国际研讨会。本届会议中，我们宣布成立“国际传统环境研究会”（IASTE）。该协会的目标是建立一个跨学科平台，让来自不同学科、不同国家的学者交流思想，讨论方法和路径，分享关于传统的研究发现。与其他致力于推动某特定学科发展的学术团体不同，IASTE所关注的是如何从相对的、跨文化的、跨学科的视角，理解作为文化习俗（cultural conventions）之表达的传统住屋和聚落。它的目标是成为所有研究乡土、本地、日常和传统环境的学者的庇护伞。

协会成立以来，我已清晰阐释了IASTE的观点，即传统不应被视为历史留下的固态遗产，而是一项基于当下、重释历史的动态工程。过去逾25年，在很多同事的帮助下，我主要通过两项活动来推动建立IASTE的事业：一方面是撰写每届双年会议的摘要征集文；另一方面是主编协会旗下的半年刊物《传统住屋与聚落评论》（TDSR）。

IASTE会议主题的发展帮助定义了协会工作的重心，在此值得回顾。第一届会议于1988年4月在伯克利举办，会议编辑出版了《住屋、聚落与传统》（*Dwellings, Settlements and Tradition*）一书。会议探索了住屋和聚落的定义与内涵的多元性，指向一种开放性的传统定义。尽管很难将传统限定在一个狭隘、统一的概念之下，但本书的共同作者大致勾画了研究传统环境的独特方向，尤其论述了研究者在其中发挥的作用。至今，本书已成为大量相关研究的重要参考，推动探讨了传统在空间与场所生产中所扮演的角色。

1990年会议也在伯克利举办，这一次我们质疑了方兴未艾的第一世界/第三世界二元论，甄别出多条可通过两个世界的相互联系以影响建成环境生产的路径。1992年会议在法国巴黎举办，试图通过探索乡土建筑的文化生态以解决发展与传统二者的矛盾。1994年的突尼斯会议审视了传统中的价值相关主题，反思了传统环境研究的作用。1996年会议回到伯克利举办，讨论了身份认同与传统的关联性，以及全球化对建成环境形式的影响，并反思了我们阅读传统的能力。

1998年的会议在埃及开罗举办，标志着协会开始了一个新阶段。它试图讨论一个全球性现象，我将其命名为“制造遗产/消费传统”（Manufacturing Heritage/Consuming Tradition）。这个主题来源于人们对遗产地日益商业化的忧虑。会议同时出版了同名书籍，该书作者试图从全球旅游的视角研究传统。该书聚焦于像移民、旅游、文化交流这些活动如何改变当地社区对传统及其实践的理解。它展现了新涌现的“再本土化”（relocalization）趋势如何颠覆了那些将传统视为遗产的假设，以及建成环境如何在全球消费经济中被打包出售。此外，我在本书前言提出，不再将传统假设为一个原生独立社群的原真性产品之后，我们方可更好地理解传统如何被想象、发明、分类、打包和销售。我的结论是，我们在观察建成环境时，不能再将实体性（physical）和原真性（authentic）视为牢不可破的靠山。此外，将传统与身份认同及场所联系起来将越发显得问题重重。我认为，城市化过程将作为一片竞技场，在那里，地方文化的特殊性与其试图调解全球霸权的努力会持续交缠。

后来我为2000年意大利特拉尼会议制定的论文主题——“传统的终

结？”（The End of Tradition?）似乎是对即将到来的“9·11”事件的预言。那届会议的许多论文演讲都批判了“文明冲突”（clash of civilizations）的范式，并通过建成环境研究预言它带来的文化潜话语。这届会议并未如部分人预想的那样，宣判传统的终结。但是，这个疑问句仅仅指向作为传统本质特征之一的原真性的重要性的衰弱。这次会议后出版了同名论文集《传统的终结？》。我开始对传统的终结这一概念进行反思，梳理了近期与历史、意识形态、乌托邦和民族国家的终结相关的文献。我提出，传统的终结并不一定意味着传统的死亡；相反，理应终结的是我们这样一种假设——即传统是在代际之间传承的原真性（并因此而具有价值）的理念集合。

顺着这条批评路径，在2002年的中国香港，我们讨论了“无疆域的传统”（Unbounding Tradition）这一主题，即建成环境也许不再能反映其居住主体的文化和传统。过去，传统研究大多被局限在某个有限阈的地区。甚至可以说，对某些建成环境的传统的理解，除了受到各个相关学科的固有知识的塑造，同样受到地区流派研究（在美国学术界被称作“区域研究”）的影响。我认为，当下的全球化境遇要求并激发我们重绘这样的智识路线图。民族国家的重组，超大全球机构的崛起，劳工、投资和商业资本流动的加速，都颠覆了过去的区域和疆域概念。在这个允诺了全球公民身份的世界，我写道，政治疆域的遗产及随之而来的身份和传统认知，正在族群之间造成前所未有的紧张关系，如我们在排外主义、种族隔离、族群冲突和恐怖主义的新行径中所见。

接下来是2004年在阿联酋沙迦和迪拜举行的会议，我提出的主题是“后全球世界的后传统环境”（Post-Traditional Environments in a Post-Global World）。我希望参与者共同探索后传统环境的空间特质，它如何搅动了场所与意义之间经由历史发展的，或是假设的一种关系。我还认为，这些变化并不能脱离后全球时代的语境来理解，这个时代已经取代多元文化主义及多边主义的发展时代，替代为单边霸权文化的概念，击碎了信息时代所津津乐道的单一“全球村”概念。在我看来，后传统场所的过去不仅是发明的，同时也被刻意忽略了，一种临近的当下反而被假定为历史而凸显。此外，后全球时代并非意味着全球化的终结，而是指向多种多样的全球化实践的崛起，它们与自由的、多元文化的全球化实践形成鲜明反差。这次会议就聚焦在这种后传统境遇与后全球时代的十字路口，此时，全球化的愿景越发与场所或国家脱离；同时让人们认识到，传统的洪流即便在这个新的流动空间，依然会随着全球网络和资本而持续转动。

2006年在泰国曼谷举行的会议，进一步探讨了传统的概念被全球化所颠覆的复杂方式，体现在这次会议的主题“超传统”（hyper-tradition）之中。“超”这个概念指的是由当代传播、交通和信息传输技术所创造和维系的社会和文化领域，这类技术已彻底改变了我们的时空观念，永远改变了遥远和临近的内涵。“超传统”来自那些并未真正发生过的历史参照，或是与假设的根源文化及场所并无关联的实践。这次会议所关注的是这些实践如何改变我们对传统的认知，它们如何塑造旅游、移民、城市化和文化变迁的经验和过程，它们又如何带来各种自由解放的前景。

2008年的会议在英国牛津举办，会议主题为“诘问传统”（Interrogation of Tradition），关注各种意识形态和原教旨主义运动的社会实践与这些实践对城市的空间影响之间的关联。这个主题，在一定程度上源于过去十年中宗教极端主义造就的针对欧美城市公共和私人建筑及空间的恐怖袭击。以传统为关键词，这次“诘问”的实践在理解传统生发的社会和政治语境的过程中变得至关重要。“诘问”一词指向一种根据传统的塑造及其对实践的影响来建构传统理性的认识论操作。“诘问”让我们重新介入到传统被利用于复兴和重建实践的方式之中，重新审视这些实践的危险教化意义。本次会议的一个灵感来自我编著的一本书《原教旨主义城市？》（*The Fundamentalist City?*）。该书在两年后出版，研究了各种形式的宗教原教旨主义如何被生产、表征及实践于城市中。它试图建立两种重要现象之间的关联：一是全球大部分人口从乡村转向城市的历史性转变；二是宗教在全球很多地方稳步崛起为塑造当代生活的主要力量。通过这一场锚固于特定地理语境的跨国界诘问，我提出，原教旨主义团体、运动和组织所带来的挑战，不应仅仅理解为一种现代性挑战的特定呈现，同时也应视为那些新近独立族群的挣扎，他们的文化大多根植于与自由价值不可调和的传统信仰之下。

2010年会议在黎巴嫩贝鲁特举办，主题是“传统的乌托邦”（Utopia of Tradition）。它提出，乌托邦理论及规划源自一种与传统的复杂共生关系，这种关系基于一系列理想化的理念。实际上，对乌托邦的理解不能脱离其生长的传统土壤。从词源角度，乌托邦就代表着一种理论上的悖论：同时代表一处理想场所（eu-topia）和一处“非场所”（ou-topia），因此被塑造为一个不可能的存在。作为一处理想场所，乌托邦依托于传统存在；而作为一处“非场所”，它又试图自我否定。尽管大部分乌托邦都有其空间表征，但总是试图驾驭或凝固创造其自身的传统。我认为，乌托邦的地理特征在物质上压制着传统，但传统同时又控制着同样的地理特征。很多现代民族的专属领土受到民族性、宗教或种族的标记，常使用各自的空间领域来锚固基于特定传统的完美族群愿景。因此，传统的延续和强化包裹在乌托邦的话语下，为这类空间赋予合法性：包括环绕着波斯湾/阿拉伯湾及环太平洋建立的新封闭社区及梦幻城市空间，还有美国郊区的假殖民住宅。我的结论是，乌托邦及反乌托邦

（dystopia）的概念化要求我们对传统进行重新概念化。

最后是2012年会议，在美国俄勒冈州波特兰举办，主题为“传统的神话”（The Myth of Tradition），探讨了“神话”在某些场所与实践的特定传统的创造及持续中发挥的作用。在不少文化中，基于一些传说而重构的叙事被用来建立并维系传统，进而引导行为、风俗和活动。通过不断地重复，神话在制造传统的过程中成为一种真相构筑的体制，或是共同意义的结构。神话往往是这样一种故事，它的源头超越任何人、任何群体的历史。对有些人来说，神话意味着“虚构”或“幻想”。但很多神话同时也是一种具有隐喻功能的调节性叙事。它透露出一种独特的民族精神，勾勒出道德品行，定义出可接受的行为准则，凸显出宗教、文化和社会实践的特定边界。传统，便是神话维持地位的途径。此外，这类传统所塑造的空间即便在其依托的神话消亡之后，依然能够继续存在和运行。对建筑与城市规划中的神话的分析及使用由来已久，但绝大部分都聚焦于城市乌托邦及神圣宗教场所的设计之中。然而，基于神话的传统也塑造了世俗的日常空间。对现代主义、新城市主义或可持续性的讨论，都基于某些神话，并使之越发牢不可破。本次会议探讨了那些由神话所支撑的传统，并揭示了这类传统与生俱来的问题——同时也提出新的问题，即具备有形的政治及空间意涵的空间的生产。

如今这本书《建成环境中的传统》，便是我对建成环境中传统主题研究的延续，涵盖了过去25年、共13届IASTE学术会议的内容。它亦可视为我过去编著的三本书的一段个人总结。这三本书皆对乡土建筑及传统聚落的研究做出重要贡献，包括《住屋、聚落与传统》（1989）、《消费传统/制造遗产》（2001）、《传统的终结》（2004）。我怀疑，这本书可能会是我最后一本讨论建成环境中传统话题的书了。

本书试图颠覆这样一种理念，即传统仅仅是一种历史和传承的产物。在大多数社会，历史和传统都拥有权威的地位。然而，历史的权威是来自于知识的生产，而传统的权威则来自于时间的沉淀。本书并未否认历史和传统的类似作用，但要提出的是，当下常见的这样一些话语：将传统构筑为一种基于场所和实践的概念，作为历史遗留下来的固态权威遗产，或作为一种由某个固定人群拥有的遗产，这在全球化的当下都是无法维系的。我所提出的一条替代路径，即承认传统的主要特征是短暂的（transient）、流变的（fleeting）、情境性的（contingent）。尽管IASTE会议所引发的讨论基本以建成环境作为主要研究视角，但其他对传统的研究路径，包括基于地理学、历史学、社会学或人类学的路径，在本书将得到更频繁的引用。本书独一无二的思路在于，它试图重新定义一种认识论，即传统的根本面向是空间性的，这就为那些正在涌现的学术争论提供了亟须的理论指引。建成形式作为一种“图像式证据”，能够对不同语境下、不同关注领域下关于传统的问题带来启发和质疑。

我希望能够重新审视传统这个概念在现代社会的稳固性。我并未将传统视为对现代性的反叛，或是其反面，而是研究那些思绪上的、空间性的领域，在那些领域中，传统与现代激烈碰撞，或共谋融合。本书框架基于的一个关键问题，即传统是否在本质上仍是一个空间工程及流程（spatial project and process）。关于建成环境中传统的内涵或效用，已有相当数量的研究基础。本书的目的不仅是通过跨学科素材提供这样一种空间视角，而且试图从理论上诘问过去这个世纪在传统建成环境中发生的颠覆性剧变。直到最近的一些研究中，这些建成环境仍被研究者视为代表着某些“真实”日常生活实践的“原真性”环境。然而，这些环境在大众消费领域，尤其是在旅游和公共媒体领域，往往上升为一种“超环境”（hyper-environment），进而它们与“实际”场所的关联经常导向一种在根本上脱离实体的经验。近来，在虚拟领域和遗产语境中对传统环境的描绘，已经导向几十年前无法想象的一种对传统的新阐释。本书同样论及21世纪的传统意涵及实践，并主要聚焦于建成环境中三个独特的、尽管并不平等的类别：“真实”（the ‘real’）、超真（the hyper）和拟真（the virtual）。

关于传统的一些重要著作，包括爱德华·希尔斯（Edward Shils）的《传统》（1981）、埃里克·霍布斯鲍姆（Eric Hobsbawm）和特伦斯·兰杰（Terence Ranger）的《传统的发明》（1983）、本尼迪克特·安德森（Benedict Anderson）的《想象的共同体》（1983），都是三十多年前出版的。自那以后，很少有关于传统的理念及实践的理论研究。与此形成对比的是，关于传统建成环境的研究却已繁荣地发展为一个独立领域。尽管我在本书的一些部分调用了希尔斯、霍布斯鲍姆和兰杰、安德森的理论框架，但我并不将其作为宏观叙事。相反，我展开的探寻路径，是研究与传统密切关联的那些在建成环境塑造中提及的某些当代理念及实践。

我可以用一则轶闻来阐释我的意图，这则轶闻是一位朋友在数年前告知的。曾经有一把铁锹，已在一个家族传承了上百年，被称作“祖传铁锹”。我进一步追问这意味着什么，他解释道，这把“祖传铁锹”的铁头已经更换了数次，木把手也已更换数次。也就是说，尽管这把铁锹的组成部分大多只用了十年或二十年，但这个家族依然坚信它有上百年历史。他进而总结道，是铁锹一代代传下来的这种理念，而非某个单独构件的历史或真实性，构成了这项家族传统。保罗·奥利弗曾提出，传统不仅由“传承”（transmission）这一行为所定义，同时也与代际传承的实体物件密不可分。他这样一种基于实体的传承定义，隐含着对改变的陈述。他也提出：“对传统的依赖就是对改变的阻碍。”[5]我接受奥利弗和其他学者提出的这一概念。

但我需要补充的是，传统只是部分倚赖于传承过程、实体物件的持续生命，或是技术和仪式的代际沿袭。我还需指出，相比于实践，传统更常依赖于对某些理念的持续“再现”及重新诠释。换言之，传统不应被作为一种抵御改变的工具，因为它实际上能够接纳改变，进而在时空的演变中维持自我。的确，如果我们回到前面那个“祖传铁锹”的例子——如若它的祖传定义是不容许改变的，那么在它第一次更换铁头或把手之时，它就不再是“祖传铁锹”了。这会导致它的文化意涵逐步消解，即便它依然在发挥着功用。但是，正因为它在不断地外在更替中，持续“代表”着传统，它也得以保有其作为某一项“传统”的地位，因此它就是传统的。这就是我撰写本书的出发点。

（黄华青　译）

第一章
住屋的形式：一种理解传统之径

传统住屋和聚落是一件遗产的实体表达，经历了一代又一代的传承。通常，这类并未经历职业化干预、由平民自建的产物，恰恰是世界上大部分人口的栖居之所。实际上，经过职业化设计的住宅可能只占全球住宅总量的不到百分之一。据估计，传统住屋和聚落中容纳了不同城乡环境下的八九亿个家庭。[1]要说某座建筑是传统的，通常应满足两个标准：其一，它应该是代际传承的结果；其二，它的文化根源应主要来自普罗大众。因此，传统建成环境就是指这样一类建筑与空间，它们为普通民众的日常生活提供了场所，并且生发于实用主义的逻辑及地方性的美学。[2]研究传统建成环境中的住屋的学者已提出了多种理论，故而本章将对住屋的发展及若干相关理论进行历史回顾。

论住屋的进化

大约在一万年前，也就是通常所谓的史前时期，人类居住在洞穴之中。洞穴十分适合当时人类的生存方式：他们白天外出狩猎，晚上则生火保暖。当狩猎变得越来越困难之后，人类逐步转向农业。实际上，很多人认为女性是最早的农民。人类从事农业后，便开始搬出洞穴，建造住屋。最早的住屋是圆形的，极为朴素，造型不难让人联想到洞穴。在塞浦路斯的新石器聚落乔伊鲁科蒂亚①（Khirokitia）[3]中便可见到类似的住屋。每个房间都是一个独立的圆形构筑物，厨房、作坊和商店则采取分离的形式，围绕着处在中心的一个较大的就寝及起居空间。第一个矩形住宅平面出现在大约公元前7000年的杰里柯（Jericho），地处今天的巴勒斯坦西岸。[4]新的住屋形式很好地利用了新发明的黏土砖，砖的规则造型第一次给多栋住宅的组合创造了条件。在土耳其安纳托利亚地区（Anatolia），考古学家研究了加泰土丘②（Çatal Höyük）的聚落，它建在坡地上，住宅间的标高变化是为了在其间留出开窗的空隙。[5]而在伊拉克乌尔城（Ur）的住宅，第一次出现了住宅单元之间的街道。这类错综复杂的狭窄迷宫，往往导致院落式住宅的出现——在这类住宅中，房间都面向庭院开敞。[6]所有这些早期史前住屋，都是寻求遮蔽需求的产物，而非出自其他原因。

随着时间流逝，尤其是当社会重新组织为较大规模的文明时——如古埃及、古希腊和古罗马，住宅开始呈现出不同的形式。然而，我们对于古埃及住宅的了解远少于古埃及神庙，因为古埃及人的大部分精力都用于修建君主居住的纪念性宫殿，或是其死后的居所。[7]

在古埃及，农民居住在泥土砌筑的房屋中，房屋一般带有一个小院子，有时用于圈养家畜。在今天埃及部分地区的农村，依然可以看到这样的情况。相反，富人则居住在多层石砌住宅，常有人睡在住宅的平屋顶上。工匠阶层需要参加很多活动。在约翰·罗美尔（John Romer）的著

---

① 译者注：乔伊鲁科蒂亚，位于塞浦路斯的一处考古遗址，可追溯至公元前7世纪至公元前4世纪的新时期时代，是欧洲最早的定居点之一。已列入世界文化遗产名录。

② 译者注：加泰土丘，位于土耳其的一处考古遗址，为新石器时代和红铜时代的人类定居点遗址，营建史可追溯至公元前7500年至公元前5700年，它是已知人类最古老的定居点之一。已列入世界文化遗产名录。

作《古代生活》[8]之中，他描述了在一座以造墓为主要营生的古埃及村子的生活。《古代生活》着重讲述了一位名叫拉莫斯的男子的生活，他是村里的抄书吏，负责记录食物及日常物资的供给。书中记录了人们如何将装满水的大罐从尼罗河运往住宅，以及村中的村民如何成为掌握不同手艺的专业工匠——有些是采石匠，有些负责制作葬礼用的家具，还有些人则擅长为墓穴创作壁画和雕刻装饰。

古埃及之后，下一个伟大的地中海文明是古希腊。古希腊住宅是一个基于格网的规划体系的产物。在多山的地形地貌限制下，强加的格网生成了一些很有趣的台地型聚落。古希腊住宅往往朴素地围绕一个院子布置，常在院子的一侧设置柱廊。当然，各个城邦的住宅会有所微差。不过值得注意的是，所有住宅的规模尺度都很类似，这体现了一定程度的平等——可能与古希腊人对民主和公正的积极态度有关。[9]

古罗马人继承地中海文明之后，将这一文明传播至帝国最远的角落，按照古希腊人的格网系统在其殖民地建造了成千上万的住宅。不过，古罗马人建造的住宅比古希腊时期规模更大，大小各不相同，以彰显户主的财富。庞贝古城的天井式住宅是最典型的代表——这座城市在附近的维苏威火山喷发时，被火山灰整体吞没，因而完好凝固于时间长河之中。庞贝古城的考古挖掘为现代研究者打开了一扇窗，得以窥见古罗马人的风俗、食物和习惯。[10]古罗马人还发明了公寓楼、或者说一种高层公寓（insula），那里主要居住着工匠阶层。[11]这类建筑提供出租房，并未配备厕所或厨房。当然，这一住宅形式在甫现之初并不是“传统的”，但它显然在几个世纪后逐渐具备了这一特质。古罗马住宅便是社会重组为城市单元的产物。

古罗马帝国陷落后，进入了黑暗艰难的中世纪。欧洲城市规模萎缩，人口显著减少。中世纪早期，社会不再能提供基本的安全保障，因此私人住宅不能只是住所，也要充当防御性堡垒的角色。当然，中世纪尚不存在现代意义上的工业，但住宅中提供了工坊或经营的空间。对中世纪欧洲的住宅形式影响最大的，是对安全和自卫的需求。[12]

在以上所有案例中——无论是中世纪的、古埃及的还是古希腊的——住宅一直是本地文化的标志。它代表着某个特定场所的传统。有些学者认为，住宅可以在某种程度上代表着本地传统的观念，在西方已随着工业革命及其导致的高速城市化进程而式微——城市化引发了大规模建造住宅的迫切需求。尽管这一观点有一定道理，但世界上依然存在着很多地方，那里的住宅及其形式仍是本地传统的产物。实际上，这些传统住屋和聚落中至今仍居住着很大一部分的全球人口。根据保罗·奥利弗（Paul Oliver）的研究，不同城乡环境下的传统住屋和聚落为大约8亿个家庭提供了居所。[13]因此，当我们讨论传统住屋和聚落，实际讨论的正是地球上大部分人的栖居地（habitation）。

住屋形式理论

有哪些因素决定了传统住宅或聚落的形式？在阿莫斯·拉普卜特（Amos Rapoport）的著作《宅形与文化》[14]中，他首次对不同宅形理论进行了明确分类。尽管他反对大部分理论，但他的论述模型如今依然受用。简要而言，拉普卜特梳理了三种影响住宅形式的机制性理论：气候论、材料论和场所论。气候决定论认为，“住宅形式基本上是回应气候的结果”。[15]当然，有充分的案例可以支持这一理论。海得拉巴①

---

①译者注：海得拉巴，巴基斯坦南部城市。

（Hyderabad）的捕风塔（Badgir）就是其中的杰出代表。在空中鸟瞰这座城市，我们可以立刻感受到这样一个朴素的概念如何赋予这座城市独特的宅形和天际线（图1.1）。捕风塔是一种由纤细木框架支撑的张拉织物结构，将外界的风导入住宅低处。海得拉巴的城市风貌的形成，主要就是因为一年中大多数时候城市风向都是一个方向。因而这些捕风塔都朝向同一方向，所有住宅也就此形成了统一的三维形式。捕风塔也可以在波斯湾地区看到，不过采取了不同的形式。在那里，捕风塔通常具有固定的砖砌进风口（偶尔也会采用木结构），它们呈四十五度倾斜朝向主导风向，如此风便会被强行导入住宅之中。[16]

图1.1　海得拉巴捕风塔

地坑院、或者说是下沉住宅，是另一种显而易见的气候应对形式。中国洛阳的居民为了逃避炎热、干旱的气候而在地下建造住宅。[17]类似情况也发生在陕西①潼关（Tungkuan），平原上的黑色方块就是面积大约八分之一英亩的地坑院（大约相当于一个网球场大小，刚刚超过500平方米），垂直高差约80英尺（20米）（图1.2）。[18]这些地坑的四周即住

①译者注：原文为湖南省（Hunan Province），可能为作者笔误。我国地坑院主要分布在河南、陕西交界一带。

图1.2　中国陕西潼关的地坑院

宅，通过朝向庭院的开口获得采光和通风。这类住屋在地平面上唯一可见的痕迹就是一些树木，小心翼翼地种在通往地下的台阶旁。这些树木便是住宅的标志。如果你住在其中一座地坑院，你不会向到访的客人描绘你家的样子，也无法告知他路牌号码，而是告诉他，你家门前的树的模样。“即便放眼望去没有一栋房子”，乔治·克里希（George Cressy）写道，“你仍能看到平原上升腾起袅袅炊烟。地下的住宅和地上的平原就这样完美扮演着各自的角色。”[19]在距离中国地坑院6000英里（9700公里）之外，我们可以在北非找到类似的下沉式住宅，例如突尼斯南部的梅特马塔（Metmata）（图1.3）。那里的地坑式住宅是从干燥的石英岩山体中凿出，在洞穴中设置了居住、工作和储藏空间。在地坑式住宅下方，往往还有一个用于储藏雨水的水窖。院子一般是方形或矩形的，房屋洞穴则通常是长筒拱形——这一形式主要来自当地建造技术以及开凿地的岩石结构性能。这类住宅往往保温隔热性能极好，因为它们都由20英尺（6米左右）厚的基岩来隔绝冷热。[20]

对于这类建成环境，大多数人往往看重它们的原始性和本地性，以

图1.3　突尼斯南部梅特马塔的下沉式住宅

及与城市生活的隔绝。这就指向了不同形式的传统聚落，这类聚落通常被视为“传统的”。居住在这类住屋中的人，大多为来自相对低收入阶级的农民。洞穴、地坑式住宅不仅帮助他们节约宝贵的耕地，还能在很大程度上节约房屋造价，因为挖掘是这些地区最廉价的建造方式。[21]除了回应气候之外，历史上的地坑院还具有抵御侵略者的额外优点——这些侵略者包括罗马人和后来的阿拉伯人。实际上，随着外部威胁的提升或降低，地坑院的建造深度也随之增加或减少。

最后一个气候决定论的案例，来自日本西部的岛根县。为了抵御冬季的强风雪天气，农民用松树种植出“L”形的厚厚树篱（可高达15米），由此塑造了独一无二的地方性景观（图1.4）。类似地，在日本北部的部分地区，当地人至今仍会堆砌起相似高度的稻草墙来帮助过冬。[22]这些形式策略反映了对气候的回应，它是在战争或和平年代的不同背景下，在地形地貌的限制下，维持“传统”生活方式的必然选择。

气候也被认为是中东大部分地区合院式住宅形成的主要原因。尽管这类住宅主要与阿拉伯文化相关，它的传播却一直延伸到北非至南亚的

图1.4 日本岛根县的阻风树篱

广阔地区。这类天井住宅（或称“haveli”）在斋普尔这样的城市中十分常见，是在莫卧儿王朝影响下逐步发展起来的。古埃及农民的基本合院式住宅平面（有些甚至沿用至20世纪），一般在院子的三面安置狭长的单层房间，第四面则由一道与建筑高度相当的墙体封闭起来。这些墙体由泥土夯筑，直接见光受热的部分是最厚的。无论建筑多高，合院在调节气候上发挥着重要作用。正午，阳光直射在合院的地面上，但厚墙及临近建筑防止了过度受热。房里的冷空气会被气压引至院子里，那里的热空气便开始上升，由此产生对流通风。随着太阳高度缓缓降低，院子里投出的深邃阴影也抵消了空气流的传热作用。太阳下山后，温度急速下降，冷空气在合院四周的房间流动，持续保持房间的凉爽，直至第二天下午。[23]

拉普卜特归纳的第二种理论是材料决定论，即认为，可获取的建筑材料、建造技术和当地的建造经济，决定了传统住宅的形式。这一理论最初颇受建筑师的欢迎。材料论的一个绝佳案例来自智利北部的高原地区（Altiplano），那里唯一的建造木材就是一种称作“喀尔敦”（cardon）或“帕萨卡纳”（pasacana）的仙人掌。这种植物经过切割、风干后，就形成一种非常坚硬且抗腐蚀的木材。加工为木板后，这种材料可以用来建造门、吊顶和木板。更加坚硬的树皮则可用于窗框、椽子和家具。[24]另一个材料决定论的案例是因纽特人的冰屋（igloo），这种建筑实际上就是用冰雪建造的——这也是北极地区最常见的材料。冰屋的屋顶为穹隆形圆顶，是在圆顶内部通过堆叠切割成形的冰块建造而成。在完成穹顶后，建造者会在地面层以下挖出一条进入的通道。这一形式显然是为了将热空气禁锢在室内。冰屋没有窗户，为了采光，会在穹顶表面上嵌入一块缝起来的半透明海豹肠，或是一块较通透的冰块——通过将冰雪先融化再冰冻的技术制成。[25]

冰屋回应了一类无法逃避的恶劣环境，在那里，火、水或是天空统摄着周遭的一切。究竟是寒冷还是热浪更容易忍受？恐怕两者皆很难。这里我想到了罗伯特·佛洛斯特（Robert Frost）的诗歌《火与冰》，这首诗很好地捕捉到这种本地住屋的复杂性：

有人说，世界将在火中毁灭，
也有人说会毁于冰。
就我对欲望的体会而言，
我会倾向于支持火的一派。
但倘若我必须死第二次，
我想我已对仇恨足够了解，
以至于说，若要毁灭
冰也是很好的，
也是足够的。[26]

拉普卜特梳理的第三种理论是场地决定论——即住宅与聚落形态是因地形限制而形成。只需看看意大利山城、米克诺斯（Mykanos）这样的希腊岛屿城镇，或是莫哈卡（Mojacar）[27]这样的西班牙山城，人们就很容易得到这样的结论，即聚落形态主要是为了顺应它所坐落的地形。这些聚落被认为是浑然天成的，因为它们从未偏离这种普遍形式，而作为一种极少主义的人类干预而融入自然。

住屋形式理论的批评

大部分这类理论都源自20世纪五六十年代盛行的一些观点，可见于一个被称为“物理决定论”的理论学派。然而，随着学者挖得越深，他们的立场也开始改变。拉普卜特、奥利弗等学者转而提出，气候、材料和场地都只是影响性、而非决定性的因素。这种变化的产生，或是因为采用了文化人类学方法，以及将环境行为研究引入建筑与规划学科之中。

到了20世纪70年代，对于早期理论的批评逐步涌现，人们开始对住屋进行更批判性、文化自觉性的研究。其中一种批评声音指出，存在很多并不遵循气候决定论的反气候建筑策略。例如，当中国移民抵达马来西亚，他们也将中国式住宅带到那里，与马来人的住宅建在一起。但是，中国住宅的厚重砖石结构以及合院式平面并不适应湿热地区。[28]同样在日本，传统民居形式无论是在北海道的亚北极地区，还是南端九州岛的亚热带地区，都很少发生变化，仅仅是屋顶挑檐的尺寸有所差异。随着日本民族从南方迁徙至北方，他们也带去了轻框架结构的和屋。[29]连日本北部的原住民阿伊努人（Ainu）也放弃了原来的厚墙式住屋，转而采用更受欢迎的和屋——即便这种住宅在冬天是极不舒适的。[30]

材料决定论也受到了质疑，人们发现了很多不遵守这一定律的案例。例如，古埃及人虽然知道拱券技术，但他们并未选择大规模采用这一建造技术。[31]材料的变化似乎也不一定会改变住宅形式。在希腊的圣托里尼岛，传统住屋的屋顶采用圆形穹顶，由石头加灰泥垒成。1925年，一位圣托里尼的石匠访问雅典时看到了混凝土，于是他回到岛上，发明了一种火山灰与混凝土的混合材料。然而，无论住宅还是穹顶的形式都未发生改变，即便建造材料已经变化（图1.5）。[32]

类似地，场地决定论的观点也遭受挑战——例如土耳其安纳托利亚地区的格雷梅（Göreme）聚落。只需稍稍了解当地人的历史，就会知道

图1.5 希腊圣托里尼岛的石砌或混凝土穹顶住屋

这些洞穴住宅是由逃避罗马帝国宗教迫害而来的基督徒修建的。他们在自然岩石山体中开凿出洞穴式的住宅和教堂，目的主要是避难和隐修。[33]阿科马印第安人（Acoma Indians）的住宅尽管位于平地上，却相互堆垒错落，说明场地并不是决定这一形式的关键所在（图1.6）。[34]相反，这种形式来源于一种社会组织单元，人们需要寻求垂直和水平方向的亲密关系以及拓展的可能性。

私人家庭生活是决定传统建成环境的重要因素。从这种意义上说，某个社会对于与外部或公共空间的关系的看法，影响着他们对隐私的重视程度。公共空间与私人空间的划定随着文化差异而变化。例如，在西非阿善提人（Ashanti）聚落中，包括经济活动在内的大部分家庭事务都是在住宅外部发生的，而非像大多数文化那样发生在内部。[35]价值观、

图1.6　阿科马印第安人的住宅在平地上彼此堆叠

神话和象征也在传统建成环境的发展中发挥了关键作用。例如纳瓦霍印第安人（Navajo Indians），将象征性的意义赋予他们居住的泥盖木屋（hogan）的不同部位。例如，地板轻微下凹以代表女性（大地），屋顶轻微凸起以象征男性（天空）。他们将花粉涂抹在支撑屋顶的柱子上，象征了支撑天空的四极。而在住屋内部，火塘则象征着世界的中心。[36] 也门也存在非常类似的情况，场地只是影响而非决定了住屋形式。在希巴姆（Shibam），人们建造起十层至十五层的住宅，但那里土地充裕，无须建得如此拥挤。然而，这种住宅形式反映了扩大家庭的社会结构以及对部族亲密性的需求。社会关系使当地人得以建造起更高的住宅，高耸的住宅在结构上也能互相扶持（图1.7）。

图1.7　也门希巴姆的高层住屋

住屋的文化形塑

20世纪80年代开始，一个新的研究方向认为，住宅形式是一种“场所文化”（place-based culture）的产物——这种文化包括社会、结构、气候等层面的各种条件。种族及地方的审美发挥着至关重要的象征作用，帮助形成一种导向传统聚落的建造实践。因此，苏门答腊的多巴巴塔克村（Toba Batak）是由两排朝向村庄广场（halaman）的建筑组成的，广场始终是东西朝向的（图1.8）。多巴巴塔克的巨型船屋采用了倒扣船形屋顶以及曲线屋脊，传达出一种轻盈的视觉印象，同时山墙的悬挑也为房屋带来庇荫。山墙的室外部分覆盖着厚木板，该部分可分为三层，包括台阶和室外阳台。木板上有丰富的装饰，包括雕饰精美的螺旋形与叶片状的涡纹，并涂上黑色、红色和白色。女性胸部和一种当地特有的蜥蜴（boraspati）的形象也出现在立面雕刻中，这可能是繁殖力的象征。巴塔克船屋的建造就是为了方便在广场上观看，村落中社会地位的等级便

图1.8　印度尼西亚苏门答腊的多巴巴塔克住屋

体现在不同住宅的相应尺度及工艺品质中，这一建造等级由村子的头人紧紧控制。[37]

与巴塔克船屋将审美作为社会地位标记的方式类似的是，西非的豪萨族（Hausa）也将外部装饰作为财富和繁荣的象征。但是，豪萨族标志性的住屋外立面装饰是在过去这个世纪才刚刚发展起来的，原因是曾经盛行的对于财富或地位获取的禁忌态度逐步放宽。大约从20世纪30年代开始，商人在住宅中炫耀成就的做法逐渐得到接纳。从那时起，很多住宅开始采用一种繁复的独特立面装饰风格（zanen gida），在卡诺

（Kano）和萨里亚（Zaria）等城市中都可见到。在夯土墙面上，最后一层泥土抹灰层经由双手塑造出想要的形状纹路，然后覆盖上一层当地生产的防水水泥——这种水泥由泥土、动物粪肥、动物毛发以及染缸残渣混合制作而成。立面上的花纹具有很强的装饰性，人们用手刮除不需要的泥土，留下特定形状的浮雕花纹。浮雕的表层会涂上一层当地水泥和白色涂料，或是刷成泥土的颜色，或采用其他的工业材料。[38]

从20世纪80年代开始，诸如神话、宗教之类的文化因素也被视为影响传统住屋设计的关键因素。显而易见，宗教影响着住宅的形式、平面、空间布置，以及住宅的朝向，有时甚至会产生决定性的影响。[39]在中国，住宅的矩形形式来自于它与罗盘基准点的关系，而非像近东地区那样来自黏土砖的形状。中国人相信风水（Feng Shui），简单来说，就是一座住宅应该有较好和较差的布局方式，会相应带来好运或厄运。除了气候适应性因素外，屋顶形式还取决于建筑与这些神秘力量的方位关系。同时在住宅内部，居者或访客穿过一系列庭院与厅堂的序列，构成了一幅复合图像。中国工匠通常接续性、层级性地组织空间，目的是有序地组织土地、国家和宇宙。因此，中国住宅的空间组织也是由外到内而塑造的。[40]

相反，日本的典型民居则是由内至外而组织的。这一空间组织的历史根源来自日本传统观念中对自然的偏好：对自然材料与色彩的喜好、对极少与简约的享受，以及对亲近自然的坚持。在日本，赋予住宅以民族及个人特征的潜在原则是一种无处不在的秩序感。这种秩序感来自榻榻米系统的使用——这种空间体系是基于标准草席的尺寸来建造的。按照日本传统，人们直接跪坐在榻榻米上。房屋的平面也就根据重复性的榻榻米模数来设计。房间的尺寸和形状也都由榻榻米的数量和排布方式而确定（图1.9）。[41]这种格网进而延伸至外部景观之中，日本人也根据这

图1.9　传统和屋的榻榻米地板系统

种秩序来设计三维环境。和屋由此彰显了某种特定文化对空间的塑造。它体现了文化的集体性（collectivity）以及一种整体的社会态度。

住屋中的个人主义与集体身份

在较为重视个人的社会，住宅往往拥有能够体现个人特质的不同形式。在美国，各自独立的单户家庭住宅是一种常态（图1.10）。这种常态是如何形成的呢？答案要追溯至托马斯·杰斐逊（Thomas Jefferson）——美国历史上最伟大的英雄之一。杰斐逊所构想的是一个由独立的“农场主—市民”（farmer-citizens）组成的国家，他们皆居住在私有土地上的简单小屋中。“小块土地拥有者是这个国家最珍贵的组成

图1.10 典型的美国郊区住宅

部分，”他写道，“住宅中的女性能够享受丈夫的陪伴，照顾他们的子女，他们的子女则将创造国家的未来。”[42]对于杰斐逊而言，获取并持有资产的公民权利具有无上的重要性。在他看来，自由总是受无产者的威胁。他眼中的国家，将整齐地划分为均等的小份，然后均分给自耕农居住。这就是他对旧世界不公正的封建社会体制的回应——他也曾作为大使在那里生活。[43]

在斯皮洛·科斯托夫（Spiro Kostof）看来，这种“将个人资产作为共和主义标志的观点，从美国住宅一直蔓延至整个环境之中”。一位早期美国总统曾说过：“一个人如果不能够拥有他的房子及其所在的土地，他就不是一个完整、健全的人。”[44]直到20世纪，这种观念依然存在。据说，西奥多·罗斯福（Theodore Roosevelt）曾在一次竞选演讲公开表态，他绝不尊重那些毫无成就可言、只有一堆房租账单的人。

美国人这种对于拥有资产的迷恋，显然对于社会观念及随之而来的土地划分有很大影响——不仅在美国，很多其他地方也是如此。无论你喜爱与否，美国就是个人主义（individualism）的大本营。在美国，住宅是一个人在社会上的存在与地位的标志物。住宅也是一个更宏大、更深邃的社会结构的象征。环境行为学家克莱尔·库珀·马库斯（Clare Copper Marcus）在20世纪70年代撰写了一篇经典论文，名为《住宅作为自我的标志》（*House as a Symbol of Self*）；后来她又在1995年将其拓展为一本书，名为《作为自我之镜的住宅》（*House as Mirror of Self*）。[45]她在书中提出，就像身体作为自我彰显的普遍形式一样，住宅同样如此。住宅体现了它的主人——无论是男人、女人还是家庭——如何看待自我。根据这一视角，美国的传统住宅并不一定是前面提到的诸多因素的产物。当代的购房者在选择他或她的居住环境时，往往不经意地寻求自我的表征。例如，一项针对加州郊区居民如何选择住宅的研究表明，外向的、白手起家的商人倾向于选择那些浮夸的、仿殖民风格的炫耀式住宅。相反，从事服务行业的业主——他们的人生目标往往是个人的职业成就感而非经济上的成功，则倾向于选择较安静的、有内涵的住宅风格，它必须满足“好设计”的标准。住宅风格也就体现了业主的自我想象，并在潜意识层面向朋友和陌生人宣告着这户住宅主人的个性。

将住宅作为个人表征，根植于美国人的精神特质之中。人们通常认为美国是白手起家者的天堂，那么如果他/她的住宅被视为个人的象征，那么我们也不必惊讶于这个社会中公共服务的缺乏、公共热情的缺失，以及对于政府补贴住宅或福利住宅的抵触。我们的脑海中始终烙印着一个先入为主的印象——即由一个男人来清理土地，并为他的家人建造一座小木屋。被灌输了这一印象的文化，很难想象和认同那些并非出于个人原因而无法建造、购买或租赁个人住宅的情形。美国的住宅形式在根本上是资本主义经济的产物。这里，自由市场主宰着一切。

总结来说，住屋向我们透露了人所生存的环境的大量信息。根据保罗·奥利弗（Paul Oliver）的定义："（传统）住屋既是一个过程，也是一件物件。"[46]它作为一个过程，因为它是个人或社会努力的结果；而作为一件物件，是因为它承载着我们的渴望与梦想。论述住屋，是恰当理解传统的第一步。然而，或许研究传统住屋的不同形式、观念和理论的真正意义，在于它们揭示了更多我们作为人类的本质。它诉说着我们的共同点与不同点，我们的认同与冲突，我们的梦想与现实，以及我们在哪里，我们从哪里来，我们又将到哪里去。

（黄华青　译）

第二章

反思建成环境中的传统

关于传统的研究已由诸多学者提出和拥护，并在IASTE的会议及其期刊《传统住屋与聚落评论》中以生动的辩论形式被记录下来。对传统的研究同时伴随着以下问题的出现：是什么构成了从建筑学到人类学，直至文化研究（Cultural Studies）领域的“传统”“文化”和“族群性”（ethnicity）概念？关于以上诸术语及其他相互关联的术语的多元化定义，使得该领域的研究变得愈发问题重重。

1989年出版的《住屋、聚落与传统》（*Dwellings, Settlements and Tradition*）一书既标志着该领域的一个惊喜，也宣示了该主题研究路径的再概念化。[1]正如我当时所论述的：

> ……在此，我们并不关心如何给出一个详尽的观点，也不关心统一的术语或一致的范式。事实上，我们正在试图接受传统住屋和聚落的概念所包含的多元定义和内涵。在撰写本书的过程中，我们尽量避免提出宏大的理论。然而，由于认识到定义不清的研究往往会被归入最糟糕的类型范畴，我们也确实采取了一些基本的理论立场。[2]

其中一个观点认为，传统不应被简单地视为过去的静态遗产（static legacy），而应作为一项对过去进行动态再阐释（dynamic reinterpretation）以服务于当下的工程。为保持上述动态再阐释的模式，上面这本书包含了三个章节，开创性地提出了关于传统的不同理念。

传统作为制约

段义孚（Yi-Fu Tuan）在《传统：它意味着什么？》一文中，论述了“传统”一词的模糊性，并认为传统的主要构成因素是一种“制约”（constraint）。他认为，无文字的或民间的社会通常面临十分有限的选择，这种限制来自宗教习俗、可用资源、当地气候等因素。[3]他认为，受制约的空间就是一个被文化和生态严格限定的空间。这些限制曾塑造了这样一个物质世界，相对于“我们”看似无限的选择，其纯粹性在今天看来反而更具吸引力。因此，“传统”作为一种制约，是作为现代性的对立面而存在的。如此，段义孚写道，这种怀旧情绪可以用我们对“更单纯”时代的后现代焦虑来解释。 不过，这样一个创新的概念在定性地解释传统的同时，却不能清晰地表达传统形成的过程。“我们希望将自己珍视之物传递下去，而为某样东西赋予价值的一种方式便是，说它是传统的，是由历史……或是自然本身所认可的。”[4]段义孚在这篇短文中总结了传统的积极与消极层面的内涵，它的主动维度及被动假设，它的权威性及不确定性，以及同样重要的是，叙述或写作主体的自反性（self-reflexive）立场。

正是最后这种特质造就了这一论文的独特基调，它开启了一场夹在传统与现代之间的社会自我的个人探寻。段义孚的文字循循善诱，引导读者去探索一个跨越欧洲、非洲和中国的前现代乡村的哲学问题，带领我们游走于木匠、农民、部落首领，以及伟大领主、君主、皇帝和女爵之间。他讨论了低或高、过去或现在的传统与创造力、选择、权力、消费主义和时间的关系。他认为这一选择“与传统相悖”，或是“由物质丰盈所造就的某种现代理想”。[5]在第一阶段，他将这种选择视为一种自由的特质，一种对当地条件的僭越，一种非自然的状态，以及一种当权者的特权。正因如此，他将传统与制约进行对比，后者与土地的布局有关，与可获得的当地材料的限制有关，与生命不可或缺的必需品有关。

然而，段义孚的选择论从自由（freedom）逐步走向无趣（boredom）。“（它）曾经只是国王的负担，（但）如今却直面每一个拥有一张主信用卡的普通人。”回归一些“更基本、更传统之物，（由此）成为一种持续的诱惑”。制约从而具有了多种含义；它可以成为一种救赎的形式。“在更深邃的层面，制约暗含着等待。”这种说法的独特之处在于将时间和等待的观念引入传统的意涵之中。人们可以通过辨析自由与解放以及自由或解放的实践，来对段义孚的选择论提出异议。解放的行动并不一定能确保行动的自由，但在传统语境下，自由很可能具有重要意义和自治性。但终究人们不得不同意段义孚的观点，因为在今天，“每个消费者都是一名暴君，会因需要为其想要之物付出等待而震惊。然而，没有等待就没有价值。”[6]

传统作为传播

关于传统的第二种截然不同的概念出自保罗·奥利弗（Paul Oliver）为《住屋、聚落与传统》一书撰写的章节。他主要关注“传承”（handing down）的概念如何对于理解传统建筑及建成环境发挥着重要作用。尽管针对传统场所的大多数描述皆使用“代代相传”这一短语，但奥利弗认为，研究者应把注意力集中于代际的实际传播过程之上，他还建议对传统环境中的实际传播方式进行仔细研究——包括口头传播和其他传播。此外，他还认为正是这些传播实践构成了传统的内涵，因为实体产物本身并不是传统。正如奥利弗所写，“在某种意义上可以说，既没有传统建筑这样一种事物，也不存在更大范畴的传统建筑学。只存在承载传统的建筑。”[7]在此，传统的概念作为传承，比起段义孚将传统作为制约的观点而言并不是那么具体——后者将传统作为文化和生态的产物。不过，这些看似排他的传统概念仍将传统作为名词来看待。因此，奥利弗虽否定了传统的物质性，但仍然勾勒出一件可辨识的“事物”的发生：传播（transmission）。

奥利弗在对传统和传统建筑的术语、概念和背景进行深入阐述之后，提出了“只存在承载传统的建筑”这一论战性的观点，并特别关注了传播的问题。他致力于通过研究人类学中的传统来建立传播理论，主要是“建筑使用过程中的隐含意义如何影响我们对建筑概念和过程的理解”。[8]传播分为言语和非言语两类；事实上后者和前者同等重要。因此，奥利弗的研究议程既有经验层面的，也有理论层面的。

为了证明这一观点的合理性，奥利弗引用了美国人类学家阿尔弗雷德·克鲁伯（Alfred Kroeber）的观点：他认为文化同时在空间和时间维度传递。在克鲁伯看来，“文化在地理或编年层面、在时间或空间层面都是通过触染和重复来传播的；在某个地区的传播通常被称为扩散（diffusion），而在其内部经历时间的传承则被称为传统。”[9]因此，文化的独特性在于它是如何形成的，而非它是什么。奥利弗将这些关于文化逻辑和进化的观点运用到传统研究中，来观察它是如何形成的：

> （传统传播的）过程通常被假定为时间维度而非空间维度的，是历时的（diachronic）而非共时的（synchronic）。在扩散过程中，

> 传统的传递……最常见于它的守护者到其继任者之间。如果说传播是传统的本质，那么似乎有必要对于传播的性质给予严肃的关注。[10]

传统及其属性

传统的第三个概念出自阿莫斯·拉普卜特（Amos Rapoport）对传统的“属性”（attributes）的研究。他在这一章节中，提出了传统住屋与聚落研究中“是什么”和“为什么”的基本问题，旨在提供明确的答案和潜在的经验。这一章节力求对“传统性”（traditionality）予以新的定义，提出传统是一系列包容性的属性的集合，来尽可能“阐明传统环境的意义”。[11]通过详细考察“过程的传统性”和“产物的传统性”之间的潜在关系，拉普卜特不仅试图去证实研究人员对于典型传统环境所共有的直觉假设，澄清其用途，并在讨论普遍设计时予以运用；更重要的是，他致力于为整个研究纲领奠定基础，在这份纲领中，以上那些假设将受到质疑、改变、发展或完善。他提出“传统”不是一个既定的概念——它并不表示天然的、不言自明的品质——这确实是该领域所有相关研究重新出发的一个必要起点，而拉普卜特坚持这一观点当然是有助益的。

至于我们可否通过巧妙的剖析、无尽的积累以及彻底的编目来更好地理解传统的现实、更恰当地定义传统的性质，仍是另一个问题。“属性”一词放在谓语的意义上，很容易理解为一种“归因”（attribution）；因而我们有必要认识到任何分类系统的局限性。因此，在提出这条进路“允许更微妙的分类”之后，它便具有了“方法论上的优势，同时避免了对理想类型的依赖”；它“为这一主题提供了一个概念框架，并有望引导理论的发展”；此外，它还可以带来有关“为发展中国家设计”的具体经验教训。拉普卜特细致地总结道：“传统建成环境的比较研究是承载了人类经验的一座巨大宝库”。[12]

转换视角

正如人们在分析传统住屋与聚落的象征作用时，将建成环境符号作为身份标识的方式各不相同，[13]保护或维持传统实践的意愿也不尽相同。许多第三世界国家的原住民群体——尤其是那些有权利选择的人们——对传统形式是拒绝的。对于那些仍坚持既定社会规范的文化成员，这种明显的排斥可能是由于现代实践的沉积而促成的，这一沉积自然使传统的方式显得格格不入。[14]当我们研究传统建成环境时，我们显然无法忽视世界的普遍化，也不应试图将这些国际影响从我们研究的环境中分离出来。我们不能继续声称自己对所研究的主题仍采取中立立场。在我们的工作中存在一种隐含的偏见，即倾向于保存那些仍可被保存之物。早期，传统住屋和聚落的研究似乎陷入了某种依赖于特定术语来构建社会现实的困境。为了自保，这一学术领域的专业人员在早期一门心思地重申其研究的原始基础，而非直面既定的假设和不断变化的范式。[15]

传统住屋和聚落本质的不断变化就是其中一种范式。 在不久前的过去，它们（传统住屋和聚落）还主要位于乡村地区。然如今已今非昔比。在第三世界国家，绝大多数的城市贫民阶层居住在传统聚落。我们经常称其为“棚户区”（squatter）或“非正规”（informal）住区，因为我们没能看到在这些不完善的结构背后是传统的生存模式、传统的生活方式和传统的经济结构。有一种观点认为，这些聚落就是我们今天拥有的最接近传统乡土建筑之物。[16]然而与此同时，许多现存此类居住区的发展中国家都已抵达经济发展和市场导向型消费的转型时机，或是伊凡·伊里奇（Ivan Illich）所述的“现代化的贫困”（modernized poverty）阶段。[17]

段义孚、奥利弗和拉普卜特的学术贡献无疑开启了重新审视传统的若干定义的大门。拉普卜特致力于研究传统与建成环境的交叉领域。对他而言，建筑形式远不止于一件人造物；它是一套“环境系统”（system of settings）和一处“文化景观”（cultural landscape）。这样一种特性不仅仅是定义上的；在拉普卜特看来，它们更是概念化的，是可以进行建设性跨文化比较的研究议程的一部分。[18]拉普卜特认为，传统建筑的概念框架对于建筑的理论和设计都是必不可少的。他的研究目标就其延展性而言显然是雄心勃勃的：“所有类型的环境都应纳入研究——所有类型、所有文化、整个时间跨度以及整个环境（包括环境系统或文化景观）。”[19]但同时，他也将自己框限在了“无文字（preliterate）与乡土设计”的范畴，在他的“文字中”也同样如此。

拉普卜特问道，如果沿着这一逻辑继续推演，那么传统处于“边缘”（的特性），是否为模范的传统设计提供了理想的类型？根据经验，传统环境的理论化需要“最大量和最广泛”的证据。这种经验主义和概念化为拉普卜特提出的“图式”（schemata）概念奠定了基础。[20]基于他对文献的筛选，拉普卜特制作了详尽的列表，以记录传统的属性——不仅根据它是什么，还根据它做什么。同样他还认为，传统的概念必须由大量的属性来定义，或从元级别到微观级别的分析来定义，或从归纳到演绎来定义。[21]在某种程度上，这样一种宽泛的概念化是必要的，以此来突破“传统性”定义之间的“循环论证”（circularity），而这些定义源于平民设计所关注的不同社会类型。这一突破又反过来帮助他创建了传统环境的分类法，从而沿着他所谓的“连续体”（continuum）来定位不同环境。按照这一思路，他进而断言，“传统环境是那些由传统信仰、思维和行为模式所决定的环境。”[22]这些模型的韧性来自于“严格的约束”、社会制裁以及对集体的强调。

视觉上的可读性对于理解传统是十分重要的。有时，对于某个社区显而易见的传统实践，却可能产生对外人而言无法辨识的物质文化对象。但这并不能否认这一对象就是传统。然而，有时情况恰恰相反。某种特定的传统被包装得如此明显，以至于外人都能轻易看到。但同样的，它的可读性本身并不能使它成为一种传统。

传统与文化

研究传统建筑环境的主要问题之一，是如何解决各种社会的变迁问题；事实上，该领域的诸多学者都假设历史是线性的，并逐渐接受了这一线性发展的神话。因此，通常存在两种对立的道德立场来描述这种社会变迁。在《传统住屋与聚落评论》第一期的一篇重量级论文中，亨利·格拉西（Henry Glassie）概述了传统建筑环境研究中广泛认可的主导观点。他开篇提出，所有对传统环境的考量都必须从这个假设开始：即所有建筑都是先于个体建筑存在的文化规范（cultural norm）的具象化呈现（embodiment）。如此定义下，传统建成环境等同于“物质文化”（material culture），即社会的实体证据。 这一观点表面上将所有建筑形式的重要程度等同看待，但格拉西提出了一个似乎否认“现代”建筑的优点却支持乡土建筑的案例。

> 真正的乡土传统是基于参与、介入和平等的政治伦理……但在现代社会中，与这些力量的大部分关联皆已消失，从而导致对文化的忽

视和弱化，以及个人赋权的衰退。[23]

由此，格拉西建立起一个二元论（binary）并很快证明了它。在他看来，

西方所谓的“现代”技术与其说是对乡土文化的违背，不如说是对其中一种冲动的夸大：在环境条件中任性妄为的愿望；把人类正当地置于掠夺者角色的意图。[24]

因此，尽管现代和乡土之间有明显区分，但二者皆表明了“社会秩序无法与经济诉求及神圣崇拜剥离；进而，住屋不能被排除在其经济、政治和宗教背景之外，排除在它作为文化造物的现实之外来单独理解”。[25]次年，也就是在下一期《传统住屋与聚落评论》中，阿莫斯·拉普卜特重新论证了这一观点：建成环境亦即“文化景观”始终是具有象征意义的。[26]文化景观作为人类与自然世界互动作用的物质结果，为研究人类行为提供了丰富的一手资料。拉普卜特声称，之所以“文化景观”可“叠加”，是因为其在一个给定的社会中拥有共同的特征——即“图式”。与格拉西类似，他认为乡土或传统聚落的变迁方式不同于当代或现代住区。

一般而言，明确的（或强有力的）命令的执行依赖于保守主义，即存在着传统倾向的人，他们不愿意（或无能力）改变那些行之有效且历史悠久之物。随着传统的减弱或消失，原先的共享图式以及规则的强度也会随之弱化或消亡。其结果是在更大尺度上具有鲜明特点的文化景观的减少，伴随着“模糊性”的结果。即，（相对于具有时代

特征的高格调和流行设计的城市，）一个属于传统乡土文化的具有地方特色的城市的衰落。[27]

格拉西及拉普卜特对于传统与建成环境关系研究的贡献，都强调了建成环境是文化规范的物化呈现。这些观点皆基于某些特定的假设，并在后期《传统住屋与聚落评论》中发表的论文中逐步遭到质疑。

传统作为过程

恰巧在《传统住屋与聚落评论》的同一期中，美国社会学家珍妮特·阿布-卢格霍德（Janet Abu-Lughod）的“消失的二分法”（disappearing dichotomies）提出了一个相比于濒临灭绝的乡土环境的通行概念而言截然不同的观点。阿布-卢格霍德批判了传统建筑环境研究的基本原则之一，转而认为（当今）空间方位与社会形态之间的一致性正在减弱。她认为，旧有的东方与西方的空间区隔已不再有意义。阿布-卢格霍德与爱德华·萨义德（Edward Said）遥相呼应地警示道，“传统”概念的使用和滥用会加强或维护那些统治的“传统”形式。[28]她亦继承了约翰·特纳（John Turner）的观点，建议应从当下语境思考“形成中的传统”（traditioning），如此我们或许会“更关注房屋和聚落的建造过程，而非其形式、成果或结果”。[29]由此，阿布-卢格霍德严肃质疑了这样一类假设，即认为传统总是来自一个特定场所，并从属于一个特定的“种族存在”。

正如阿布-卢格霍德挑战了将传统与场所（甚至是时间）联系起来的观点，戴尔·厄普顿（Dell Upton）在一年后则质疑了传统这一概念本身：

> 乡土景观研究这一年轻领域正受到其基本范畴的限制，而这些基本范畴又受限于18世纪至19世纪西方智识及美学观念的根源。[30]

厄普顿提出，“持这样一种信念进行实证研究将风险重重，且只可能取得有限的成功——即假定景观与某个孤立族群之间存在某种原真的关联。”

> 我们应把注意力从对原真、特征、持久及纯粹的追寻中移开，转而让自己沉浸于积极的（active）、转瞬即逝的（evanescent）与不纯粹的（impure）世界之中，追寻这样一种模棱两可的、多元的、往往处于竞夺之中的环境，研究它们接触与转折的关键点——它可能处于市场，处于边缘，处于新兴与衰败之间。[31]

这些观点后来在阿布-卢格霍德的一篇文章中得到支持。在文章中，她质疑关于传统环境的孤立性的假设，因此也反对其绝对的典型性。

> 我的观点从这样一个前提开始：纵观历史，建筑形式要么随着人的迁徙而传播（世界一直是游移的，尽管当前是在一个极大的范围里），要么是随着那些将货物和思想从一处带到另一处的旅行者的游记而散播……这种扩散发挥了宝贵的作用。由于人类既是模仿者又是冒险者，建造者的创造冲动被这样的天赋所强化和渗透。事实上，伟大的建筑总是在传播、杂交和协同共进。在其传播过程中，新的变化与旧的形式相结合，从而“成为”转化后的“传统”。[32]

阿布-卢格霍德紧接着提问，当今世界这一过程是否有何不同。作为回应，她提出殖民主义的历史性异常作为一个事件，极大地改变了建筑规则和形式的选择及传播这一自然过程。她进而评论了“后现代性的彻底不和谐（cacophony）”问题，驳斥了认为它可能“对连贯性和原真性构成威胁”的论点，因为这将否定这样一种可能性，即“真正伟大和创新的艺术形式可以通过融合他者的传统而产生”。[33]

全球化经常会导致身份、场所和传统的去领域化（deterritorialization）。在先前的作品中，我曾提出四个历史阶段，每个阶段都对应于一种关于空间生产及其传统本质的特定规范（norm）。这包括：“隔绝时期”，其特点是本地化的乡土传统；“殖民时期”，以“混杂性”（hybridity）的传统为特征；“独立及民族建构”时期，以现代和伪现代为特征；最后是全球化阶段，聚落变得同质化，但它们的形式不再那么根植于特定场所，而更多地基于信息。[34]我相信这一数十年前的论断至今依然是有效的。

关于传统的其他探讨

20世纪90年代初的讨论主要是为了定义过去20多年来建成环境中的传统研究，这些讨论为建立新的和相反的方向奠定了基础。

在我为《消费传统，制造遗产》一书撰写的章节中，我论述了“再定位的新动势”问题。[35]在旅游主义视野下，我对与传统和遗产相关的诸多假设提出质疑，并展现了在一个注重图像消费的全球经济中，建筑环境是如何被包装和出售的。值得强调的是，我认为与传统环境“原真性”相关的价值判断应被抛弃，因为它建立在传统与现代的错误二分法之上。该书帮助读者消除了传统总是某个群体的“原真”造物的假设，并提出传统也可以被分类、包装、想象和出售。但我同样认为，尽管旅游者的消费不断增加，传统场所依然是人们真实居住的地方，也是真正的冲突可能激发之处。然而正是在这些地方，传统作为一种参照系，正从根本上与场所脱离；事实上，当我们审视城市主义时，很难再将物质的或原真的作为一个可靠的参照点。

在另一本我所主编的书中，我提出并探讨了“第三场所”（third place）的概念。基于霍米·巴巴①（Homi Bhabha）提出的后殖民主义语境，我试图将这种对身份政治的二元体系的修订“空间化”。我认为，“第三场所”涵括了对空间生产政治的再阐释——在此，空间和地点不完全是本地现象的产物，而是一种需放在当代人口、货品和信息的“流动”背景下进行评估的实践。正如我所写的，“全球化使得身份和表征的问题在城市主义中变得非常棘手”。[36]由于文化已愈发变得无场所化（placeless），我写道，城市生活将持续成为一个竞技场，在那里人们可以观察到当地文化的特殊性及其试图调解全球霸权的努力。因此，地方依然是身份戏剧上演的舞台；然而，对表演者本身的假设越来越成问题。当然，传统也是如此。把传统与身份及地点联系起来也同样值得怀疑，尤其是当阿尔君·阿帕杜莱②（Arjun Appadurai）所说的各种“景观”（scapes）变得复杂多元的时候。[37]

所有这些论述都强调对传统的重新评估——传统在环境生产中的角色，传统传播的相对效力，传统在全球化面前的消亡等，这确实暗示了其可能的“终结”。事实上，如果传统仅仅是现代性的辩证性虚造物，那么它的客观存在就真是岌岌可危了。传统作为研究对象的终结，难道不也意味着传统作为客观现实的终结吗？[38]

---

① 译者注：霍米 · 巴巴（Homi Bhabha，1949— ），生于印度孟买，哈佛大学教授，后殖民主义批判理论的重要学者。

② 译者注：阿尔君 · 阿帕杜莱（Arjun Appadurai，1949— ），生于印度孟买，纽约大学教授，全球化与现代性批判理论的重要学者。

所幸，如上所述，传统的终结并不意味着传统本身的消亡，而只是终结了我们对传统的某种观念，即认为它是一种久经考验的、因而才有价值并得以流传下来或保存下来的思想。事实上，许多关于传统的普遍接受的假设，近来正在被不断修订或完全抛弃。例如，传统必须与地方相关联、并且特定于某一群体的概念，已被人类学和地理学等领域的全球化研究者大幅修正。早期对传统的研究所引发的关于孤立性和根植性的意涵，也面临着极大的挑战。[39]

如今，传统还应被视为民族或地方文化霸权与该社会中某些有影响力的成员或团体行使选择权之间的调解场所。世界各地的人们越来越认同存在不止一种传统的观点——因为他们设想了不止一种身份。传统，因而已成为一个全球性的“连字符”（hyphen）。如果今天的人们认为自己是非洲裔-美国人（African-American），阿拉伯-穆斯林（Arab-Muslim），或华裔-印尼人（Chinese-Indonesian），那么传统也同样应使用连字符来表达。随着民众、地方和军事团体的力量不断增强，传统不再主要或仅仅由国家力量来调节。同样地，在一个为媒体疯狂的世界里，所谓“传统”社会的文化景观正变得像国家或社会一样受到文化和物质全球贩卖场的操纵。当然，这并不适用于所有情况。[40]

因此，已然终结的似乎并不是传统本身，而是传统的某种观念——即将传统作为原真性的前兆和特定文化意涵的容器。终结的不是传统，而是传统作为一个基于场所的、处于现时的概念，或传统作为一种静态的权威遗产和作为从属于某些特定群体的遗产。我们必须认识到，持续至今的传统是“短暂的（transient）、流变的（fleeting）、情境性的（contingent）”[41]，因为这才是找到“永恒与不变”的新方法。[42]

（梁宇舒 译）

第三章
传统与现代的概念化

对于“传统”这一概念的审视，不能脱离对“现代[①]”（modernity）概念的同等关注。传统与现代是同一枚硬币的两面：在两三个世纪以前，没有任何社群会自称传统，而“传统”的概念也是在“现代”的发明与阐述之后才得以确立。要理解传统—现代的这一对话，理解它的历史延续性以及它对建成环境的影响，我们首先必须关注“现代”最重要的层面之一——即现代作为一种体验。在某种层面上甚至可以说，现代主要就是一种体验，基本是在人、民族与文化的相遇中形成的。

德国社会学家乔治·齐美尔（Georg Simmel）是最早将现代性体验理论化的学者之一，他同时论述了20世纪早期高速工业化的世界中个体与现代城市的关系。在1903年发表的知名论文《都市与精神生活》（*The Metropolis and Mental Life*）中，齐美尔分析了都市生活中的心理体验，这种体验在他看来不同于小城市或乡村。他认为，“都市精神生活本质上的智识特征，放在与小城镇的对比下更容易理解，因为后者主要依赖感觉和情感关系。”[1]小城镇的生活不免受到紧密的社区关系的

---

① 译者注：关于“modernity”翻译为“现代”还是“现代性”的问题，本书根据不同语境有所调整。“现代”是与传统相对应的一个词，指向更广义；而“现代性”则在更具体的批判性语境下，指向现代的状态、情境和价值体系。

限制，而现代都市的“心理境遇”则能够为乡村到城市的移民提供一种摆脱乡村或小镇生活限制的机会，进而成为自由的“个体”。[2]然而，齐美尔认为，现代人在这一过程中被强行拽入一个（精神空虚的）城市世界之中，差异和个性被扁平化为货币价值，生活中的质性特征也被量化特征所取代。马克·高特迪纳（Mark Gottdiener）笔下的虚拟人物汉斯（Hans），就象征了这样一个“齐美尔式”的人物：他离开传统的小镇，到现代城市中追寻光明前程。然而，高特迪纳预见到，由于都市生活展现出的过量刺激，这个角色将很快发展出所有城市人共有的厌倦（blasé）的心态。[3]

现代性这种根本的城市特征，也出现在美国社会学家路易斯·韦斯（Louis Wirth）的论文《城市作为一种生活方式》（*Urbanism as a Way of Life*）中，这篇文章是在齐美尔一文的35年之后发表的。韦斯指出，高密度、异质性和匿名性是都市形态下最典型的社会特征，因此当代文明与前人的最大区别就在于，它在很大程度上是城市属性的。他强调城市生活作为一种生活方式，这一观念使他不仅得以探讨当代城市的实体结构及人口基础，同时能够分析让全新现代环境中的个体或群体与众不同的相关社交模式以及一整套态度和观念。此外，韦斯还认为，匿名性导致了新城市居民中一种个体化生存机制的出现，这类居民大多来自冲突性较弱的乡村。[4]

以上两位早期社会学家的论著都凸显了传统与现代性的对立关系，然而这种对立可能存在一定问题。这些关于现代都市生活的描述都假设：传统势必会被像汉斯这样的进城移民抛在脑后。的确，小镇生活的这种传统特质有时会是“促使某些居民希望迁往城市的因素”。[5]此外，现代工业城市生产出各种流动社群之间的聚集会面（rendezvous）现象，这种现象的特征在本质上是流变的；但是，传统却被视为在空间和时间上都是锚固的。

如果像齐美尔预想的那样，现代城市最凸显的特征就是聚集和会面，那么这种体验在19世纪末的巴黎可谓再明显不过。马歇尔·伯尔曼（Marshall Berman）通过对若干现代作家的文字的分析而敏锐捕捉到这一体验，这些作家包括约翰·沃尔夫冈·冯·歌德（Johann Wolfgang von Goethe）、夏尔·波德莱尔（Charles Baudelaire）、菲奥多尔·陀思妥耶夫斯基（Fyodor Dostoyevsky）等。尤其是波德莱尔的诗歌，生动描述了19世纪末经历了奥斯曼大改造后的巴黎的现代生活。在这个新世界，咖啡馆作为一种范式化的空间，比其他任何场所更能够象征现代城市的现实意义——在那里，新晋的富裕阶层在视觉上暴露于穷人面前，同时又在实体上与之隔离。伯尔曼相信，异质体的相遇就是现代性的本质特征，这种相遇随着新型城市空间的开放而成为可能。

传统与现代的定位

齐美尔、韦斯和伯尔曼主要讨论的是新工业都市中不同社会阶层的短暂相遇（encounter），而其他学科则更关注殖民城市——那里是不同民族、种族和文化人群的相遇之地。正如我在他处曾指出的，现代性的概念生发于西方世界与其殖民对象、领土的相遇。而且，现代性的不同形式都是这一相遇的结果。同样重要的是，在这一过程中，传统不仅是由定义殖民地传统的殖民者所发现的，也来自被殖民者自身。因此，殖民地的相遇应理解为一个过程，借助这一过程，为现代性所服务的传统被发现和认可，同时也伴随着种族、民族和文化差异的政治化。

尽管齐美尔、韦斯和伯尔曼都敏锐地观察到现代城市的出现，以及随之而来的传统沦为现代性附属概念的现象，但这几位学者并不太关注建成环境。然而，像很多学者曾指出的那样，正是在殖民城市的建成环境中，城市设计和建筑实践帮助协调了传统与现代的新观念的生产。因此，在对传统和现代的讨论中，很有必要对城市设计和建筑实践进行深入的考察。

格温多琳·怀特（Gwendolyn Wright）曾指出，传统的建构不仅是政治性的，同样是人为的。她着重提到，法国殖民地不仅是现代理念及观念发展的“试验田”，同时也是被贴上本地与传统标签的文化“温室”。法国殖民地的城市设计中的政治因素，在其对文化的定义中表现得尤为明显。具体而言，即从一种“异域美学的新口味”中产生了新的文化类别。[6]因此，殖民地文化观念背后的政治诉求体现在，它的功能定义不仅是相对的，同时也被出于政治目的地安置在一个更大的参考系及偶然性框架之下。这至少意味着，殖民主义并不是一成不变的，而是一个持续发展变化的流程（process）和工程（project）。

怀特发现，法国殖民地官员反复将北非和东南亚称作“试验室（laboratories）”，或是“试验田（champs d’experience）”。[7]那里的城市呈现出“一种现代城市主义塑造的独特景观，它更取决于当地历史及文化，而非欧洲的前卫建筑学”，体现于更加理性的分区组织和标准化的建造方式。在怀特对北非城市的分析中，殖民主义呈现为这样一个宏大工程，它将传统城市与现代城市并置①——表面上看似靠近，象征意义和实体意义上又彼此分离。这种“双子城”，边界上由显而易见的“净化带”（cordon sanitaire）隔开，不仅彰显了法帝国主义企图从当地文化

① 译者注：这种现象可见于大部分摩洛哥城市，如拉巴特、马拉喀什、菲斯等。法国殖民者在规划建设新城时都与老城（medina）分离，形成传统与现代截然相反的“双子城”。这也在一定程度上促成了古城作为历史遗产的保护工作。

中攫取实用效益的政治策略，而且体现了一种城市主义机制（urbanistic mechanism），借助这一机制，作为普世原则的现代性和作为特定情况的传统被并置在建成环境之中。

然而，怀特的分析单元“民族—国家”（nation-state）在她的多个案例地具有显著差别。她所研究的地区——中南半岛[①]、马达加斯加和摩洛哥——全都是行政意义上的整体，但它们并非成熟、发达的国家，甚至都不是主体界定清晰的殖民地。这些国家都是受保护国（除了南越南/南圻国（Cochinchina）之外，它是一个“阿尔及利亚风格”的殖民地）。不过，摩洛哥和马达加斯加都是地理边界与行政边界统一的政体，而对法国人来说，中南半岛就意味着越南。怀特的确也指出，中南半岛是一个同盟区，包括了南圻国、安纳姆（Annam）、东京[②]（Tongkin），还可包括老挝和柬埔寨。作为一种行政结构，这种区分十分重要，因为同化（assimilation）和联结（association）的政治策略在各个地区受到各不相同的待遇。“试验田”的观念包含了殖民主义策略内生的一定程度的微差和偶然性。因此，怀特认为殖民活动及其现实推行并不是一马平川、一视同仁的，不同的历史进程和地方潜力在其中发挥着至关重要的作用。

马丽恩·冯·奥斯特恩（Marion von Osten）也研究了殖民时期现代与传统的关系，她同样认为，乡土传统对于现代的清晰界定非常重要。她指出，法国在北非的殖民开拓导致了现代建筑范式的转换和修正，从最初“由前现代建筑转译的现代形式，转变为将日常实践作为规划方法论的基础”。[8]这一变化可分为两个阶段。第一阶段是在现代

---

① 译者注：英文原文为Indochina，即东南亚的中南半岛。国际上因其位置在中国、印度之间，兼收两国影响而得名。

② 译者注：东京（Tongkin）指越南北部一带。

主义运动早期，对于地中海地区乡土建筑（及其美学、功能及结构）的研究被部分整合到最为现代的新工业建筑形式之中，就像勒·柯布西耶等建筑师的早期作品中所见的那样。但这些研究皆抽象脱离了日常的文脉，由此“凸显了当代与传统之间的时间断层”。不过在第二阶段，现代主义运动又拒绝了乡土及殖民的过去，而试图建构一种截然不同的欧洲现代建筑。[9]

传统的表演性：谁在实践传统？

安东尼·金（Anthony King）曾在对传统的讨论中提出所谓“方位性（positionality）”，认为我们当下就视野和范畴而言正生活在新殖民主义（neocolonialism）时代。就像依附理论①所提出的，诉诸“方位性”能我们关注到“殖民主义的不平等关系”，在这一关系下，认为现代性是属于欧美文明特定背景下的产物的观点，被不加质疑地播撒到殖民社会之中。[10]他指出，当今全球资本市场中新殖民主义霸权的存在，使得前殖民国家即便在独立后依然没有发声的机会，政治影响力持续降低。因而对传统的探讨应注重“方位性”的时间和空间维度——也就是站位的政治意义（the politics of position）。

> 首先，在将本地历史建构为前殖民时期、殖民时期和后殖民时期的实践中，我们不仅将本地人的发声中介推向边缘，同时也将其历史

---

① 译者注：依附理论（Dependency Theory），在20世纪60年代晚期由拉美学者提出的国际政治经济学理论，将世界划分为较先进的中心国家和较落后的边陲国家，后者在世界体系中一般作为原料或劳动力供应国而受到中心国家的盘剥，因不平等交换的依赖关系而持续无法翻身，与中心国家的差距难以缩小。

重写于帝国范式之中。其次，在对当代境遇的去政治化过程中，后殖民主义的概念并没有认识到内嵌于当代全球资本市场中的依附性的新殖民主义系统。[11]

和怀特一样，安东尼·金也认为，现代性主要产生于殖民城市而非现代都市。但是，他质疑了“殖民断层”（colonial rupture）的本质，正是它建构了“传统的观念，同时构筑起西方在知识体系建立过程中的主导地位”。在金看来，“断层”的概念重申了西方的权力及其篡改观念的能力——即便它不一定体现于物质形式。金进而批评了阿莫斯·拉普卜特，认为他忽视了其自身在研究乡土聚落过程中所处的优势地位。金反问道，我们在自己的学术追寻中是否意识到了“我们自身（our own）的全球霸权”。[12]金试图校准知识生产中权力关系的不平衡，对于历史延续性中的若干概念进行了替换。他认为，后殖民主义依然单方面生发于殖民主义。

然而，金最终还是重新启用了他所批判的这种线性的霸权形式（form）和结构（structure），也并未认识到本地知识界在其知识结构生产中发挥的作用。实际上，这一共谋（complicity）过程比他所想象的更为复杂，甚至超出了西方建筑学与人类学的框架。因此，尽管金抬高了地方个体能动性①（native agency）的位置，但他这样做只是源于对“我们自身”的质询。他所谓的“我们自身”中的“我们”指的是谁？“我们”又是如何获取“全球霸权”的呢？他不仅没能认识到他所谓的地方

① 译者注：在社会科学语境下，“能动性”（agency）一般指向个体，《牛津英语词典》释为“个体独立行动并做出自主选择的能力”；与此对应的概念是“结构”（structure），例如本段前面提到的霸权结构，即指向一种体制性的力量，对个体能动性具有某种意义上的限制和对抗。

能动性背后的复杂共谋过程，而且在一些重要方面，他仍对自身的特权地位全然不知。

此外，仍未得到解答的还有传统议题中的主体性（subjectivity）问题。就此，安娜亚·罗伊（Ananya Roy）曾引用“表演性”（performativity）的概念，强调将传统作为一套实践。罗伊在对阿尔及利亚曾经的法国殖民地的回访中，关注了传统实践的表演性。[13]她认为，老城（Casbah）与白城（White Town），或者说传统与现代之间的边界，不仅是借助规划这样的实体手段、也是通过“社会规范的争夺”（contestation of social norm）来进行控制的。就像在电影《阿尔及尔之战》（*Battle of Algiers*）那样，穿戴面纱这一行为的传统特征多面地呈现在殖民化的阿尔及利亚。在影片中阿尔及利亚女性对传统的实践与表演之中，可以看到如罗伊所概括的那样，“一种表演性的性别策略创造出冗余的意义”，她们通过对蒙面纱行为的刻意混淆，背离了“现代与传统的简单分野”。[14]

毫无疑问，金和罗伊将能动性的问题纳入对传统的探讨之中。不过，相较于金对于方位政治的研究，罗伊的论述更进一层——她对传统的表演性内涵的分析，不仅推动我们重新观察传统与现代的交错关系，也审视了在所谓传统的生产、再生产及扰动中个体能动性的作用。

争夺的传统：不同学科的语境

在对传统及其在当代语境的应用及相关性的探讨中，有三部学术著作值得特别关注：作者分别是爱德华·希尔斯、埃里克·霍布斯鲍姆和特伦斯·兰杰、本尼迪克特·安德森。在美国社会学家爱德华·希尔斯1981年的著作《传统》（*Tradition*）一书中，他在社会科学语境下讨论了传统这一概念问题重重的本质，尤其是它反映了启蒙主义认识论的政治与意识形态立场。希尔斯对传统的研究具有惊人的广度，它显著不同于霍布斯鲍姆及兰杰相对微观的作品——即西方权威建立过程中传统的社会史及谱系。在后者主编的、出版于1983年的《传统的发明》（*The Invention of Tradition*）一书的引言章节，霍布斯鲍姆从英国马克思主义史学的视角指出，新传统的“发明”是随着社会变迁的新需求而产生的，这在现代社会的塑造过程中体现得尤为明显。这一对特定传统的探讨似乎也起到了希尔斯和安德森作品之间的桥梁作用。在美国政治学家本尼迪克特·安德森出版于1983年的著作《想象的共同体》（*Imagined Communities*）一书中，他剖析了民族主义（nationalism）概念如何获取情感上的合法性，进而让我们所谓的民族获得延续的历史正当性。

考虑到这些作者来自社会学、历史学和政治学等不同学科，我们也不必为他们各自的学科偏见感到惊讶。然而，真正让此间比较变得困难的，是他们并不均衡的分析单元。希尔斯界定了传统的智识领域，但他的论点范畴是不清晰乃至模糊的，原因是他并未澄清他的“传统”观念与诸如意识形态、政治、霸权之类的观念有什么概念层面的异同；反观霍布斯鲍姆与兰杰，他们的分析视野基本局限于西欧国家建立过程中的特定历史瞬间；而安德森的论述则主要针对那些成为民族国家的共同体，并未限定于某个具体地点。因此，这些不同语境下的讨论之间的比较总是不对等的。不过，霍布斯鲍姆认为对传统的研究应该是跨学科的建议，的确是合理的，甚至是必要的。尽管对这些论述的分析难免遇到困难，但毫无疑问，若要研究内嵌于（embedded in）建成环境之中，或是由建成环境所表征（embodied by）的传统，应采取一种跨学科的研究路径，从而穿梭、横跨于不同的分析单元、不同的尺度与视野之间。这是因为，传统作为结果和过程，它在建成环境中的呈现使得常规的分析工具都已捉襟见肘。

传统的政治效用

正如希尔斯所指出的，传统的内涵是发散的乃至经常是矛盾的。这样的说法，究竟是认为传统的概念是个悖论还是辩证关系，却依然模糊不清，这是希尔斯警句式的、格言式的写作风格所导致的结果。不过，他强调了一种理所当然的假设误区——不仅是关于传统的，也是关乎更广义的科学理性。他的分析一开始就描述了针对传统的偏见（从普遍学术意义上，但主要集中于社会科学或社会学）——这种偏见可能来自启蒙思想，尤其体现于西方世界对理性的执迷。不过他同样指出，这样的偏见展现了调解当下与过去、理解变化中的静态的困难所在。

> 或许最重要的是这样一个事实：尽管变化是普遍存在的，但近现代社会中很大一部分生活都是基于一种与从漫长历史继承而来的规则相一致的长期制度；这个世界的评判所依据的信仰同样来自历代传递下来的遗产。[15]

希尔斯进一步分析了对传统研究的偏见，他指出，西方学术话语一直专注于进步与改良，而非理解过去的遗产。他进而写道：

> 那些影响着智识、想象及表达的作品的生产的“传统”实践得到了认可，成果也受到赞赏；然而，作为标准化行为及信仰模式的“传统”却被认为是无用的、累赘的。凡是与被贴上传统标签的制度、行

> 为或信念有关者，皆会被冠以“反动派”或是“保守派”的名声；他们会被打入“右派”——这是一个从“左”至“右”递减的思维，“居右”就意味着犯错。[16]

也就是说，传统不仅是兴趣和研究的对象，同时也是政治及意识形态立场和身份的标志。他继而区分了这类被赋予消极内涵的传统，认为它们是“实在的（substantive）传统”，或是那些“保持了惯常标准的传统”。[17]换言之，将传统联系与无知、非理性、教条、制约和神圣性相联系，置于进步、理性与科学逻辑、解放与世俗性的对立面。因此，希尔斯对传统的定义在一定程度上说过于弥散而无所不包，难以进行语句的解析。传统是一件物/体（thing/object），一个行动框架，一种意识形态的附属品。亦即，它指代了任何“能够成为传统”之物，如知觉结构、信仰体系、社会关系、一切技术实践、实体物件，等等。[18]希尔斯也适时点到传统的空间性（鉴于他几乎完全聚焦于传统的时间性），这意味着建成环境也被视为一类能构成传统之物，或者说是能够“传递下去的”——比如建筑、纪念物、景观等。总体而言，传统是“象征物和图像的集合体”，它可以“被学习和调整”。因此，传统不仅是过去的，也是现在的；时间上，它是：

> 已被接受或传递的主题的一系列变体；这些变体之间的关联可能存在于常规主题之中，存在于呈现（presentation）与消逝（departure）的衔接之处，存在于同源的后代之间。[19]

这一观点也应和了本尼迪克特·安德森对民族主义的分析，我们会在后文再次提到。

显然，传统并不是封建社会或发展中国家的专属领域。实际上，传统作为一种具有稳定作用的机制，一份“社会秩序、良好举止和社会正义的保证”，在西方世界得到最为普遍的接受。[20]在传统中存在一种伦理层面的要素，希尔斯也对此发问：

> 在这样一个社会，人们都根据固有判断行事，充斥着刻意引导性的行为、极度情绪化的行为，传统究竟发挥着何种作用？[21]

这一问题就将我们的分析从规则及信仰话题，拓展至传统所赋予的“理想范式”（ideal）话题。

这样一种理论论述尽管是宽泛的，但它还是提醒我们，自由主义和原教旨主义一样，也是一种传统。希尔斯的分析也使人联想到托马斯·库恩（Thomas Kuhn）对知识传递的研究，这种传递是含混的、非理性的，甚至是相对的。[22]因此，正如本尼迪克特·安德森所言，传统的载体是“印刷资本主义①”（print capitalism）——尽管这一过程并不局限于传统。此外，我们可以认为传统是范式化的（paradigmatic）——在此再一次借用库恩的概念。当然，希尔斯作为一名社会学家，他的论点中也呈现出不少偏见。例如他声称，“‘传统’概念的出现并不那么令人不安，但它长期脱离智识话语要旨，使它的意涵很难显现。”[23]这样的论述，显然忽略了所有人类学及其他学科的重要相关论著，如爱德华·帕尔默·汤普森（Edward Palmer Thompson）和保罗·威利斯（Paul

---

①译者注：印刷资本主义，是由安德森提出的一个概念，即认为资本主义市场带来印刷技术的普及，进而导致一种共同语言的诞生。这弥合了过去族群之间不同语言和方言造成的隔阂，由此促使了统一民族国家的形成。

Willis）——或许因为他们都不是社会学出身。[24]

因此，希尔斯在其著作中几乎都专注于阐述社会学自身的学科偏见。例如，他十分看重功能主义及制度主义政治（institutional politics）；他保守地认为现代社会没有传统；他认为行动是建立在一系列“利益”的前提以及对“权力”的追逐之上。然而，希尔斯也进行了自我批评，尤其是认识到他和塔尔科特·帕森斯（Talcott Parsons）的著作并未考虑对马克思·韦伯的“理想类型”（ideal-type）概念极其重要的“传统性”（traditionality）。作为一名研究韦伯的学者，希尔斯似乎也希望纠正这一失误。他试图摆脱将传统作为“剩余范畴”（residual category）的立场，转而承认韦伯的卓越地位——这可能就是他的著作《传统》一书序言的核心论断。在这篇序言中，希尔斯不仅提到了宗教的传统，还指出了“公民权的传统”“自由的传统”“现代主义的传统”——尽管他并未详细论述，这些概念缘何构筑起传统。[25]

传统的谱系

几年后，埃里克·霍布斯鲍姆和特伦斯·兰杰编著的书对很多欧洲国家所宣称的传统的历史延续性提出质疑。霍布斯鲍姆称其为“发明的”（invented）传统，他在序言中论述了他们对于“历史性”传统的讨论，认为这种传统是被刻意构筑的，以实现当下的霸权结构：

> “发明的传统”用来指向一系列实践，通常受到某些公认或默认接受的原则，或是一种礼仪性或象征性的天性的制约，试图通过重复来灌输某种价值或行为规范，这仿佛自动意味着与过去的某种延续性。实际上，他们总在可能的时候，尝试建立与一种合适的历史

传统的延续性。[26]

本书对传统的讨论并不像希尔斯那样集中于时间性层面。例如，霍布斯鲍姆和兰杰对于英国议会大厦重建的探讨，便涉及了建成环境的话题，及其作为一种发明的传统与过去的某种名义上的延续性。此外，在序言章节《发明传统》一文中，霍布斯鲍姆还提出，传统作为一种稳定性机制，不同于一度统治着“传统”社会的“风俗”（custom）概念。他认为，“‘传统’的目标和特征——包括发明的传统在内——通常就是恒定性（invariance）。传统所指向的真实或虚构的过去，会施加一种固定的（通常是形式化的）实践，例如重复。”相反，“‘风俗’不可能是恒定的，即便在‘传统’社会生活之中也不会如此。惯例或通行的准则依然展现出这种将本质的灵活性与对先例的形式固守相结合的特征。”[27]

霍布斯鲍姆还提出，新奇（novelty）与拼贴（bricolage）也是传统的基本概念，涉及如何将陈旧的素材嫁接到更古老的素材之上。尽管民族主义并不是他研究的核心话题，但历史延续性和发明的传统（尽管是虚构的）一直被用来建构民族国家和其他类型的集体认同。[28]同样意义深远的是，霍布斯鲍姆强调，对传统的守护和复兴反映出一种具有“不明普世性（undefined universality）”特征的“断裂”——安德森在他对民族主义的讨论中同样提及这一点。文末，霍布斯鲍姆提出了“发明的传统”的三种类型：其一，建立或象征一种社会凝聚力，或是在某些团体及真实或虚构的社群中的成员身份；其二，建立权威的机构、地位或关系，或将其合法化；其三，主要目的是社会化，包括传授信仰、价值体系及行为习惯。[29]

霍布斯鲍姆的序言章节也提供了从希尔斯到安德森的论著之间的完美过渡。希尔斯认为，尽管类似的主题重复出现，但在类型上，尤其是机制上，传统需要“至少跨越三代的两次传递……某种信仰或行为模式才能被视为一种传统”。[30]相反，霍布斯鲍姆写道，并非所有传统“都是永恒的，但我们首要关心的是其表征和建构，而非它的存活概率”。[31]此外，霍布斯鲍姆还将希尔斯模糊隐含的意思进行了清晰明了的表述：即传统与过去的延续性是“虚构的”（factitious）。霍布斯鲍姆进一步在序言的结尾部分写道，跨学科合作对于研究发明的传统十分必要（尽管本书论文的所有作者都是历史学家）。这与希尔斯对自己学科的钟情以及他对其他学科在传统研究中的成就的无视恰恰相反。

然而，有人可能会问，发明的传统——作为一种对历史的重写——与历史本身、也就是一个随时面临重新诠释的符号体系之间的区别又在何处？霍布斯鲍姆做出的区分，是他所谓“旧有的”和“发明的”传统。详细而言，前者是“具体的、具有强大约束性的社会实践，而后者通常是泛泛的、模糊的——特别是就其灌输的属于某个特定团体的价值观、权利和责任的实质而言：如‘爱国主义’‘忠诚’‘职责’‘游戏规则’‘学院精神’，等等”。[32]但他并未说清楚，人们应该如何在经验上、理论上和概念上予以区分。在另一个案例中，霍布斯鲍姆提到了库恩，还涉及一点马克思的理论，他认为对“发明的传统”的研究，让我们得以理解一种创造性破坏的社会过程，新传统借助这一过程取代不再见效的陈旧传统。尽管他并未直接提及资本主义的角色，但他认为，这样的社会变迁在过去两个世纪最为显著，这些变迁带来一系列新的形式化的传统——包括那些属于现代社会的传统。[33]

霍布斯鲍姆的作品，看似与后结构主义及后殖民时期的写作思潮相吻合，甚至可能与历史学的文化转向有关——他不仅强调编史学，也着重梳理了传统及其建构过程的谱系。然而，他对传统的分析并不充分，原因是他选择只专注所谓的“发明的传统”；尽管他详细阐述了这一类传统的特征，但“发明的”传统与正统的、有机的或常规的传统之间的区别并不清晰。有人或许会推断，“发明的传统”是属于20世纪的现象——鉴于发明的传统所体现出的一种“诡异”的延续性，它所延续的实际上是一段“虚构”的历史。或许可以说，发明的传统属于工业革命之后的现代社会，而习俗则源于“传统社会”？这样的区分造成了更大的困惑。正如霍布斯鲍姆所言，“真实的传统所具有的力量与适应性，不是‘发明的传统’所能比拟的。只要过去的生活方式依然存续，传统就不需要复兴或重新发明。”[34]因此，看似真的存在“真实的（genuine）传统”这件事物，尽管它的特征并未得到充分阐述。

传统与民族主义的起源

本尼迪克特·安德森对于民族主义的讨论，集中于将其视为一种文化产物或历史事件。就像霍布斯鲍姆对“发明的传统”的分析一样，安德森的主要目的是证明民族身份（nationality）、民族性（nationness）和民族主义（nationalism）如何成为一种“历史存在”，“它们又是如何塑造如此深远的、情感上的合法性。”[35]如他所言：

> 18世纪末这些事物的创造，是对多种复杂各异的历史力量的“交汇”的自发净化；而一经创造，这些造物就成为“模具化的”（modular），能够以不同程度的自觉性被移植到多种多样的社会土壤，并主动或被动地融合于广泛的政治及意识形态体系之中。[36]

在本书第二版序言中，安德森指出，民族主义最初是根据时间而非空间坐标来分析的。在接下来的章节“人口普查（census）、地图学和博物馆”中，他尝试弥补这一疏漏。他特别提到，民族（nation）是来自19世纪殖民国家的语汇，这些国家需要明确找出内部的敌人，其方式是将那些中产的、道德的市民理想化，由此区分出非我之族类。和霍布斯鲍姆一样，安德森也认为“古老”（antiquity）是在某个特殊的历史节点寻求新意的必然结果。

在安德森笔下，民族是“想象的”，正如在霍布斯鲍姆眼中，传统是被发明的。也就是说，某些传统在特定的时代节点进入历史舞台，并成为一种文化造物。对安德森而言，民族主义和传统一样是“模具化的”，能够被移植到各种社会土壤，而建筑则在这一进程中起到根本性的作用。他在全书中详细讨论了这一范式的力量和动势——在霍布斯鲍姆的序言中同样隐含提到。然而，安德森也强调，发明和想象一样，本质上并不等同于虚假的捏造。这便与霍布斯鲍姆的观点背道而驰——后者实际上认为，发明的传统就是“虚构的”。

在安德森看来，时间是理解“民族主义的悄然诞生”的根本所在。因此，他借助历史性叙述来强调其延续性，或是将王朝统治及其神圣性的衰弱归结于世俗的民族国家的出现。紧随着瓦尔特·本雅明（Walter Benjamin）所定义的救世主（Messianic）时代这一概念，即“过去与未来同时处在瞬时的当下”，安德森认为时间正在起到不同的作用，“同时性”（simultaneity）因其偶发性特征而得到重新定义，被时钟和日历重新书写。[37]也就是说，时间的一种结构化、同质化的演进同时在认知层面和实践领域涌现，让我们得以联结分离的地域和社会。接下来安德森所做的，希尔斯和霍布斯鲍姆仅仅草率带过，他不仅研究了印刷的不同模式——如小说和报纸，而且还探讨了印刷资本主义和殖民主义背后的政治经济内涵。小说和报纸这两种模式，提供了再现某种“想象的共同体”（即民族国家）的技术途径，并确保了这种共同体形成所必需的一种重复性结构。[38]

传统的纵贯性

传统是纵贯性的（transversal）：它不仅是“传统”社会的一部分，同样也是“现代”社会的一部分，它使得地理不再仅是距离问题，更关乎差异/共性。[39]如希尔斯所言，现代主义（modernism）本身就是一种传统。[40]在安德森对民族主义的分析中，也生动地描述了传统与民族主义的关联。因此，传统不仅在时间和空间层面具有纵贯性，它同样是领域化的（territorialized）。传统的发生所基于的领域边界及社会团体的稳定性，在安德森看来都是“想象的”，而在霍布斯鲍姆眼中则是“发明的”。希尔斯和霍布斯鲍姆都认为，传统需要叙述者（interlocutor）。希尔斯指出，社会科学研究者大多回避了这一话题。而对霍布斯鲍姆而言，传统的发明在很大程度上是历史学家的功劳——尽管这一研究本身是跨学科的。[41]霍布斯鲍姆和希尔斯皆阐述了传统如何维持“理性”及“进步”等现代观念的崇高地位。安德森则强调，民族主义建立于启蒙思想带来的认识论及存在主义转向——转向对命中注定、历史延续性及国家政体意义的理性态度；相反，前启蒙时期对命运的观点则是宿命论的、随机性的。[42]

传统不仅是稳定的，同时也是灵活的：它是一种适应的模式或结果，对于其生存至关重要，但恒定性又是它的基本特征。[43]传统是一个由行动、习惯、风俗和意涵相互交织形成的系统——在类别上，我们难以将它从其伴随的组成要素、功能及载体中脱离出来。因而，它与公民的公共生活息息相关——可以从其象征符号和仪式实践来理解，具体而言则是“民族”和民族主义的涌现。[44]重复，依然是传统最重要的特征。

多重现代性与多重传统

戴尔·厄普顿（Dell Upton）曾简明有力地论述了现代/传统的二元性。他写道，“传统与现代这两个形容词本身都是现代性的产物：传统直到它被想象为现代性的对立补充之前都不存在。”他继而聚焦于“原真与非原真”这一双对立体，指出传统成了折射现代人焦虑的一面镜子，这种焦虑“来自对这样一种现象的恐惧，即现代生活本质上就是非原真的——乃至虚假的、伪造的。”[45]显然，在厄普顿看来，任何提及“传统”的场合都值得深入反思。

> （研究传统的学者）经常毫不怀疑地将传统的概念视为一种可定义的、进而可商品化的实体；同时将原真性视为传统应该具有也值得拥有的品质。无论是隐含还是公开地，他们将传统和原真性置于现代与人工性的对立面……因此，任何试图解构现代性话语的尝试最终都只是沦为这一话语的一部分，这揭示了在所谓后现代时代，人们依然对现代性持续忠诚。[46]

厄普顿的观点是，传统的调用最终帮助巩固了现代性的观念，也指向了“传统和现代这两个互相依存的概念之间令人不安的关联状态”。[47]或许，这种不安来源于对现代或传统的构成要素的单一化认识的执迷——尤其是当现实比语言所及更为复杂、多面的时候。

安娜亚·罗伊在前人对现代性替代路径的讨论基础上，进一步思考了多重现代性（multiple modernities）的可能性，尤其是现代性如何因那些被视为传统之物而得到巩固和复兴。[48]她建构了两个现代的重要时刻，即“通过对传统的驯服而强化现代观念，以及传统在现代的灰烬之上死灰复燃”——在此之上，罗伊分析了现代主义者的项目如何在地缘政治秩序的话语结构内被传统的观念合法化。因此，多重现代性绝不是普世现代性的一种地方化形式。相反，现代性的多重观念应该理解为一种“持续处于争夺之中的领导权，一种对单一现代理想的颠覆”。[49]

罗伊对多重现代性的讨论，不仅提醒我们传统与现代是相互建构的，而且引发我们重新思考自己所质疑的究竟是哪一个现代，哪一个传统。如果说存在现代的多重性，那么我认为同样可以允许多重的传统存在。认为现代性隶属于某个特定时间和空间的观点，也影响塑造了某一类看待传统的单一化视角。如果说曾经存在一种现代的单一观念，那么，或许也应存在一种传统的单一观念，它在建成环境的模式及形式的塑造中发挥了决定性的作用。因此，在对多重现代性的探讨之外，我建议也应该考虑传统的多重性。正如多重现代性的概念引导我们颠覆现代性话语合法性及意识形态，多重传统的认知也将呼唤我们反思所谓传统的韧性（resilience）。如此，传统的意义整体将不再呈现为一个“剩余范畴”，而将成为一个分析建成环境的思辨式工具。

很多学者都对那些问题重重的关于传统的观念进行了辩论，尤其是在《传统住屋与聚落评论》（TDSR）期刊以及IASTE的会议中，他们都认为，我们难以对传统进行准确、清晰的定义。然而，如果要重申本章的论点，我们不妨认可，传统能够积极参与到现代性的合法化过程中。在对过去与当下的调解之中，传统依然可作为一种理解和塑造当下与未来的工具。这也就解释了为何传统作为一个环绕着若干抽象理念、实体地点及能动者的动态项目，值得持续严肃的学术讨论。对此，我的重点并不仅仅、也不一定集中在方位性政治、传统的所在地，或是研究者的角色之上，而更应关注传统的主观性（subjectivity）。最终，这会引导我们不再只是将传统视为过去的固化遗产，而是一个通过阐释、利用过去而服务当下的动态项目。那么，这是否意味着传统将永远存活、永不终结或死亡呢？

论终结

在近代，第一个在学术圈探讨“终结”的是丹尼·贝尔（Daniel Bell）的《意识形态的终结》（*The End of Ideology*）。[50]本书在20世纪50年代末撰写于美国（并于1960年出版），回顾了20世纪的重大灾难（“一战”“二战”、苏联的极权主义等）如何激起对19世纪乌托邦思想观念的普遍质疑及最终抛弃。

弗朗西斯·福山（Francis Fukuyama）的《历史的终结与最后的人》（*The End of History and the Last Man*）一书，提出了一个类似的、但初看起来不那么引发愤恨的“终结”。[51]在福山看来，黑格尔早已预见到，“自由社会”（free societies）的巩固将带来“历史的终结”。[52]他同样指向贝尔所提及的那些20世纪的大事件，认为在“自由民主制①”（liberal democracy）之外并不存在可能的替代路径。[53]

大前研一（Kenichi Ohmae）也延续了这一话语，开始了对终结的论述。[54]但诡谲的是，他认为福山所谓的那些趋于普遍的机制已走到终结。在《民族国家的终结》（*The End of the Nation State*）一书中，大前研一认为随着民族国家在全球经济中发挥关键作用，民族国家本身也在走向灭亡。他论述道，“由于大部分越境的货币流动都是私密的，双边政府

---

①译者注：自由民主制（liberal democracy），一种崇尚自由的政治意识形态和政体，是一种基于经典自由主义原则下的代议民主制，由人民选出的民意代表行使决策权力。该概念基本可等同于西方式民主。

都无须涉身其中。”[55]大前研一还强调，民族国家不再能够基于社会福祉（social interest）充分地代表各个人群，这在不经意间呼应了后殖民主义语境下的相关批判。民族国家前进过缓，且经常展现出与自由开放市场相冲突的理念。大前研一提出，“地区性国家”（region-state）会是一个在经济上更可行的路径。

尽管我们很难否认民族国家的“怀旧幻想”——就其表现主体愿望诉求的有效性，或是它对民族和文化表征的凝聚力——但这一模型的空间指向及其真实性都在“9·11”之后的世界变得问题重重。有人或许可以将当下美国在阿富汗和伊拉克的介入，视为民族主义和帝国主义在规范全球经济和地方政权建立中死灰复燃的迹象。无论历史还是意识形态，似乎在这里都还活着，而且活得很好。

就建筑与城市形态而言，民族国家的终结（这尚且是个存在争议的说法）依然具有显著相关的空间指向。建立国家的政治机器经常都是所谓的“官方建成传统”的始作俑者。因此，对于一个“国家”的组成元素的激烈重构，将对建成地区的再定义产生显著的影响——这些地区通常都拥有代表性的建筑类型。

以上所有这些“终结”及其所宣称的末日，其实都掩盖了某种对于意识形态、历史和民族国家的焦虑，以及对知识界角色的焦虑。大多数这类观点的支持者普遍表现出一种对普世性的排斥，他们怀旧地渴望回到19世纪的某种确定性。但是，我们依然不确定，对“传统的终结”的诘问究竟能带来什么。难道我们是没有传统的，只能抓住传统的根？

“9·11”事件也呼唤另一种对“终结”的解读。这一系列事件展现了自由民主制作为一种政体和一种意识形态所面临的挑战。尤其是，大前研一的观点在“9·11”后的世界显得过于天真。国家干预、单边立场、“民族建构”以及很多其他那些曾被认为已死亡的民族国家形态，愈演愈烈地回到前台。美国的诉求与国际社会之间的断裂强调了这一事实，即共识往往无法达成，尤其是当共识让位于政治强人的个人思想之时。当然，这样的利己主义政策其实从未被真正抛弃，尽管大前研一（及其他学者）都努力让我们相信它的对立面。因此，民族国家的终结——即“建成环境中传统的终结”的唯一真正威胁——与意识形态或历史的终结一样，是个伪命题。

在对这一问题的辩论中，出现了两种相反的“传统”概念。第一种偏向于民族文化和延续性，另一种则强调一种无意识的选择。然而，这两种立场在某种程度上都会遭到本尼迪克特·安德森的“想象的共同体”概念、或是霍布斯鲍姆和兰杰的“发明的传统”概念的挑战。近期出现的一种“全球文化市场”（global cultural supermarket）的理念，进一步动摇了将传统作为一种稳定参考系的合法性。根据戈登·马修斯（Gordon Mathews）的说法，将文化视为“某个群体的生活方式”的早期理念，应该与将文化作为“全球文化市场中唾手可得的信息与身份”的当代概念相结合。简单而言，在全球化时代，有必要将文化看作一种同时受国家和市场塑造的产物。[56]如今，传统就和文化一样——至少对某些人而言——成为了一个选择问题，因为全球市场中可以轻易得到任何需要的信息及替代身份。

今天，传统或许应被视为一个调解冲突的竞技场——一边是民族或地区文化的霸权，另一边则是该社会中某些人或群体的个体选择。例如，根据一份中国香港报纸的文章，一个中国的摩托车团体被问及为何他们痴迷于哈雷摩托以及美国的自由梦，他们回答道，“文化……就像饭桌上的菜，各有所爱，各取所需。”[57]如今，全球各地越来越多的人从属于多于一种传统，也拥有不止于一种身份。因而，传统已经成为一个全球的连字符（hyphen）。如果今天有人认为自己是非裔美国人、阿拉伯穆斯林或是华裔印尼人，那么其传统也同样应使用连字符来表达。而随着民间的、地方的及军事团体力量的崛起，传统在根本上不再仅由国家所掌控。类似地，在这个媒体爆炸的世界，所谓“传统”社会的文化景观不仅由国家或社会所决定，同样受到全球文化和物质市场的形塑。不过，这一现象亦非放之四海而皆准。例如，一些受到压迫或其他待遇的少数族裔或许会反抗这一模式。通常，塑造其文化景观的传统会受到另外两种因素的影响：对于主流文化的抵制，以及对某个社区身份的效忠——这一身份可能会比他们的民族或国家身份更加重要。

（黄华青　译）

第四章
传统与乡土

要研究建成环境中的传统，有必要先厘清“乡土”（vernacular）概念，以及其他理解并构筑传统环境的常见方式。“乡土”一词最早出现在英语字典中是1656年的《新英语辞典》（*Glossographia Anglicana Nova*），释义是“对于某人居住的住宅（House）或乡村（Country）是恰当的、专属的；天然的”。[1]这一释义也符合本词的拉丁语词根“vernaculus”，意为“家庭的（domestic）、当地的（native）”。这个词意味着一种与生俱来的特质，这层意味也延续至当代英语，进而“乡土”被用来形容一种“专属于某一类特殊群体，或从事某一特殊活动的人群的术语体系”。[2]在语言学层面，“乡土”往往意味着“当地的或区域性的方言”。[3]换言之，乡土在很大程度上可以理解为：来自大众、属于大众、服务大众。然而，“大众”（masses）并不是个同质的、界定清晰的群体；相反，精英阶层和统治阶层往往将大众视为无知的、没文化的、贫穷的。此处值得一提的是，乡土与文化、传统等概念之间经常存在强烈的关联。

尽管“乡土”一词的准确定义在不同学者和不同语境下会有细微差别，但该词的意涵还是明确或隐含地指向某些地理、文化、经济和族群特性的概念，与普世性主题恰好相反。戴尔·厄普顿（Dell Upton）曾指出，乡土概念最初用于建筑学，是指代那些“在经典建筑传统之外”的建筑和构筑物。[4]此外，若我们考虑到乡土最初被认为是“建筑的赤脚医生（quackery）”，那么对乡土建筑的探讨就变得更加复杂了。[5]因此，本章将质疑建成环境中对“乡土”的历史与理论探讨，试图对当今传统和乡土的内涵提出一些洞见。

论传统与乡土

在《传统住屋与聚落评论》的一篇早期论文中，亨利·格拉西（Henry Glassie）认为乡土是一种创造和塑造体验的文化途径（cultural means），而建筑则是将记忆具象为平面的概念操作（conceptual exercise）。[6]这一论断的核心，是建筑师作为文化传播者及叙述者的角色（建筑师比起规划师、资本家来说更适合这一身份），他应该“防止人们落入规划者试图限制他人行动自由的意图之中”。[7]在格拉西看来，“真正的乡土传统”应该具有协同、参与以及一种平等主义政治道义的特征。乡土不仅在本质上是解放性的，同时又帮助“人们（people）”与其所栖居的世界建立联系，并从中获取知识。

人与世界之间的关系的斡旋者，就是格拉西所谓的“乡土技术”，它在本质上是文化性的，并涉及“地方材料——如绿色橡木、湿黏土——和双手的直接触碰”。格拉西进而将技术定义为“一种通过毁灭来取得进步的尝试”，由此区分了乡土与现代技术——后者仅仅是对乡土的“夸大（exaggeration）”而非“违悖（violation）”。乡土技术与现代技术的一个显著对比是，乡土技术并不需要正规的——由此是人工的——设计图，因为“设计图的存在即昭示着一种文化弱化”。[8]在“文化的政治规范”的基础上，乡土技术得以不依靠正规设计图就能建造一座住宅，这是基于使用者、设计者和劳动者（一般认为他们具有相同的文化价值观）的相互理解，是出于参与及平等道义的共同基础。

格拉西所预设的“好”技术语境下的权力关系，是生产性的、分配式的、平等主义且崇尚分享的，也是实用主义的。他认为平等主义的确可能实现，故而假定，平等主义并不一定要附以权力关系。因此，“乡土技术”的概念就转向了对设计、建造和建成环境的使用层面的介入和参与。不过，乡土作为一种产品，同样关乎建筑的“社会福祉”（social good）以及它塑造的社会秩序。格拉西注意到“乡土住宅最深层的意义是作为社会事实”，因而提出，乡土建筑的“首要秩序”应是“道德性的”（ethical）。[9]为了印证这一点，他展示了一些乡土建筑的案例，例如火塘和其他一些社群（communal）空间，这类空间有时在功能上并不实用——例如，它只是让全家人在一个核心房间挨冻受罪而已。

在格拉西对乡土建筑的分析中，“传统”与文化、乡土和原生这些概念都是类似的、可互换的。在他的分析框架中，这些名词都与好的、令人渴望的事物相关，这些名词的互换性便是理所应当的。不妨说，社群主义①（communitarianism）是塑造了格拉西大部分作品中的道德与政治价值取向的夙愿和理想。其中，对道德的考量是显而易见的。尽管格拉西并未完全将道德问题化，但这一概念在他眼中基本与仁慈、自主和自由等同。此外，他认为前资本主义时代的秩序是平等的、无阶级性的，这也使他对过去报以浪漫化态度。

类似地，阿莫斯·拉普卜特（Amos Rapoport）同样将乡土定义为由使用者或非职业行家设计并建造的——这些人通常是匿名的。他同时将

① 译者注：社群主义，又称社区主义、共同体主义，一种基于小规模自治社群的政治哲学或组织形态，强调个体对社群的责任，认为自我、社会认同、人格等概念都是由社群建构的，与个人主义、自由主义哲学对立。

传统乡土环境、自发性聚落与经过专业设计的环境进行了区分。[10]他强调，生活方式及活动体系承载着建成环境与文化之间的关系，基于这一点，（传统的）乡土环境及自发性聚落呈现了建成环境中“各元素间的关系，而非仅仅是元素本身”。[11]

尽管格拉西和拉普卜特基本都赞同乡土建筑具有使用者独特性，并直接与文化和身份相关联，但拉普卜特眼中的乡土聚落是比自发性聚落①更具美学价值的形式，因为它们理论上具有恒久性和持续性。这样一种审美取向，使他进而将乡土建筑从当代环境中剥离，而只让它与未开化的、“传统的”聚落相关。这可以从他对自发性聚落的定义中看出——他认为自发性聚落是与乡土聚落“最接近的当代近亲”。

和格拉西一样，拉普卜特认为乡土建筑是一种与现代建筑截然不同的理想类型，因后者的职业化程度是过度的、夸大的。无论是传统乡土建筑还是自发性聚落，在他看来都满足了居住者的需求及“生活方式（进而是文化）”。因此，这类聚落优于所谓现代社会的聚落，因为它们是“文化反馈的”（culturally responsive），能够“更有效地传达关于身份的意义”。[12]然而，尽管格拉西对乡土建筑的推崇主要是因其没有正规“设计图纸”（而依托于使用者、设计者和建造者社群之间意会的相互理解），拉普卜特却认为，乡土建筑与自发性建筑的区别在于“存在一种单一模型或意象”，这就是他所谓的“图解”（schemata）。[13]

关于这一话题的第三种重要观点来自保罗·奥利弗（Paul Oliver）。在1989年出版的一本著作的章节《传承建筑》（*Handed Down Architecture*）中，他提出传统的本质是涉及口头的或非言语的知识传递。他同时认

---

①译者注：尽管乡土建筑也是自发性的，但此处“自发性聚落”主要指向当代社会中由大众自发建造的、往往是非正规乃至一定程度上非法的聚落，如城市中的所谓“贫民窟”。

为，口头传递比学者的书面记录更为重要。在这一定义中，乡土似乎指代了一个更宽广的门类，一个将传统涵盖在内的更大范畴。在奥利弗看来，并不存在所谓的传统建筑，也没有比传统建筑更广义的类型。“只有承载着传统的建筑。”[14]

然而，在1997年出版的《世界乡土建筑百科全书》的序言章节中，奥利弗对“乡土”和“传统”的定义似乎都发生了变化。文中，他对乡土建筑的主要关注点转移到了“人”的身上——他们能够根据特定的需求及社群价值观来恰当利用当地可及的资源。乡土建筑的定义也就转变为一种内向性的（encompassing）聚落，这种聚落是由“房主或社区自建的”，并且利用了传统技术。[15]

他争辩道，尽管大多数人认为“乡土的”可以与“本地的、部落的、平民的、农民的或传统的”等词互换，但这个词显然应得到更严肃的考量。由于“大部分建筑都是住屋，而世界上的大部分住屋都是由房主、由集合资源的社区或是由当地的专门建造者及工匠建造的”，那么对乡土建筑的研究理应成为建筑行业的重要话题——传统的建筑行业历史只关注“大匠”或“职业建筑师”的作品。[16]

奥利弗对乡土建筑的态度改变，重新强调了乡土建成环境的自建和社区共建的特质。他尝试在概念层面将乡土和传统进行区分。传统建筑可以“广泛地指向各类纪念性的、建筑师设计的构筑物”，[17]而乡土建筑主要基于“社区”及其拥有者/建造者/使用者，基于“后代可以持续学习的建造过程”。既然乡土建筑反映了社群的价值，他进而提出，“哪怕一座简单的住屋，也可以反映其建造者和居住者的物质及精神世界”。[18]

然而，在以上关于乡土建筑的学术探讨中，依然存在某些隐含的偏见。例如，德尔·厄普顿便批评了它“狂热主义”（enthusiasm）的潜在语调。面对这种“如画的异域情调的审美和智识原则”，他指出，“我们”（us）与“他们”（them）的这种二元割裂是“西方语境下的传统建筑研究的直接冲动”之一。[19]此外，厄普顿还批评了学者的另一种倾向，即将乡土建筑“作为一种与当代社会的经验截然不同的僵化类型，其特征是由一系列局内人（insider）/局外人（outsider）的二元论定义的”。[20]这类智识倾向在格拉西、拉普卜特和奥利弗的文字中都时常可见。

另一个在乡土建筑研究者中常见的态度，是痴迷于延续性和原真性——这些特质通常被认为在现代（尤其是西方）社会已经消失。这些研究者关注的乡土建筑的一个主要假设就是，这类建筑反映了一种真实社群的建筑形式，这种形式保持着“持久的价值”（enduring values），并且在当代生活中很难再看到。

传统、乡土和本地：一个三角关系

在拉普卜特对自发和传统乡土聚落的论述中，他对英雄化个体的赞美也伴随着对本地性的称颂——这种本地性被认为是从当地生长起来的。然而，拉普卜特过度浪漫化的观点也呼应了那些后革命时代①的人类学家，后者曾竭力鼓吹本地性的价值。此外，他对城市和乡村穷人的个体创造性及其聚居地的独特品质的认定，并不能解释贫困对自发性聚落的影响。换言之，他谈论穷人时，没有考虑到他们的贫穷造成的限制条件。

---

①译者注：原文“post-evolutionary-period”可能拼写错误，根据上下文语境应为“post-revolutionary-period”。“后革命时代”主要指19世纪上半叶，即18世纪末美国独立战争（也称革命战争）之后的一段时期。该时期出现了最早一批对乡土文化及乡土建筑感兴趣的人类学家及文化研究者，如本书序言中提到的摩尔根（Morgan）和摩斯（Morse）等。

本地（indigenous）一词源自拉丁语“endo-genus”，在当代英语辞典中意为“属于场所的”（of place），或是“发源于或自然地发生于某个特定场所”。尽管“本地”和“乡土”两个概念有一定差异，但通常是可互换的。然而，这一概念互换带来的一个问题是，我们很难更好地理解传统现实——这一现实绝不是一成不变的。这两个概念的主要区别之一是，“乡土”通常是来自“大众”的某种实践，而“本地”则指向“场所”①——或者用谭尼亚·穆雷·李（Tania Murray Li）的话来说，即“某一群体永久地依附于某一片固定的土地，这使他们产生文化的独特性。”[21]

乡土和本地的关系十分复杂。不过，下面的例子可以帮助我们理解这两个概念的差异。我会分别展示几个案例——既是乡土又是本地的；乡土但非本地的；本地但非乡土的。在对这一关系分析的基础上，我们便可进而讨论传统、乡土与本地之间关系。

一个既乡土、又本地的历史案例是西非多贡人村落的茅屋。这种茅屋完全由土墙、茅草屋顶建造，都是当地容易获得的建造材料（图4.1）。这类住屋彰显了一种本地的建造方式。尽管新材料的引进带来新的选择，但那些具备条件的人（可能碰巧获取，或是购买取得）却并未使用新的材料。故而，历史上的多贡人村落代表了一种本地的建筑形式，它因采用当地材料而契合于这一场所。同时，他们的村子也是乡土的，因为它是由来自当地社群的职业工匠建造的。

第二类案例是一种乡土而非本地的住屋——加利福尼亚的“棚屋”（bungalow）（图4.2）。安东尼·金（Anthony King）的一项研究指

① 译者注：这是区分“乡土”和“本地”两个概念之间微妙区别的重要面向：乡土主要针对“人”，而本地主要针对“地”。

图4.1 西非的多贡人村落

图4.2 加利福尼亚棚屋

出，当代棚屋发源于17世纪孟加拉地区①（Bengal）农民建造的一种称作“bangla”的小屋。[22]英国人在该地区建立殖民地后，对原本由泥土和茅草建造的当地小屋进行改造，以适应英国人的生活方式。英国人认为孟加拉很脏，于是他们先将建筑抬高于地面，并在入口前增设一个前廊。这种改良的“bangla”住宅随着英国人移民全球，并成为每个移民目的地的“乡土”传统。在这一传播过程中，住宅的印度起源变得不再重要。在加利福尼亚尤其如此，这种住宅被改名为“bungalow”。作为一种乡

① 译者注：孟加拉地区（Bengal）是一个地理、文化和历史概念，主要包括今孟加拉国和印度西孟加拉邦所在地区，主要居民为孟加拉人，讲孟加拉语。该地区以恒河三角洲为中心，农业发达，是南亚人口密度最高的地区之一，有加尔各答、达卡等特大城市。

土而非本地的建筑形式，这种住宅是由当地的设计师设计、当地的建造者建造、当地的居民使用的。然而，它的材料和技术却不一定来自本土。

第三类案例是土耳其安纳托利亚的格雷梅聚落（前文也有提到）。这种产生于这一地区的历史住宅类型不能说是乡土的（图4.3）。尽管它由当地材料建成，但它的设计者、建造者和居住者都不是当地的：他们是来自其他地方的移民。实际上，从自然岩石中雕琢成型的格雷梅聚落并非出自当地人之手——也就是说它无法满足乡土的基本定义——而是由为躲避罗马帝国压迫而避难至此的基督徒建造的。该地区的基督徒移民设计、建造并使用了聚落中的住屋和教堂，目的是建立一个与世隔绝、安全无忧的居所，不再被罗马人找到。[23]

那么，乡土、本地和传统三个概念之间究竟有何关系？我们要如何在概念和经验层面理解三者间的复杂关系？仅仅谈论任何一个概念都不

图4.3 土耳其格雷梅的聚落

够，下面这张图试图呈现三者的关系。尽管这三个概念经常可以互换，但这样的区分有助于加强对建成环境及其社会现实的分析。每一张图代表了一种阐释三者关系的可能性架构。

第一张图（图4.4）将传统放在乡土和本地的交叉区域。在这一框架下，那些不一定出自创造性的当地工匠或是群众的聚落就被排除在了传统行列之外。这里隐含的传统观念的限制在于一个神秘的假设，即认为传统只能属于某些久远的过去或遥远的地点，那里必须不存在任何工业资本主义或现代化的痕迹。不过，这一定义恰好符合拉普卜特研究乡土聚落的去政治化（aplolitical）路径，即将乡土和传统放在现代职业化实践的对立面。

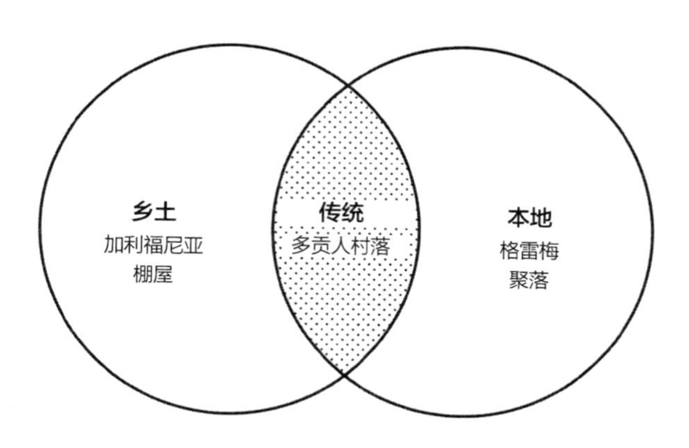

图4.4 图式一（将传统置于乡土和本地的交集）

第二张图（图4.5）将传统描绘为一个包含了乡土和本地的更大范畴。这张图与第一张的差别在于它的包容性，例如它认为所有乡土的以及本地的构筑物都可以被认为是传统的。然而，亦存在很多构筑物——尽管它们可能是由当地材料、当地使用者建造的，但由于寿命过短，而无法进入“传统”的行列。

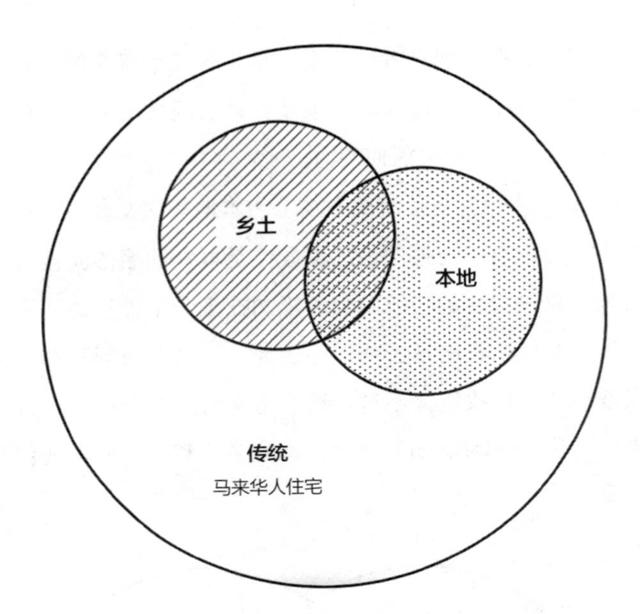

图4.5 图式二（将传统作为一个包含乡土和本地的更大母集）

无论如何，这张图提供了另一种思辨传统、乡土和本地三者关系的思路。它与第一张图明显不同，即传统可以是既非乡土、亦非本地的。马来半岛（Malaya）的中国民居就是这一有趣类型的典型案例（图4.6）。在中国人移民东南亚后，他们将故乡厚重的砖石建筑传统带到当地，但这种建筑形式并不适合马来西亚的热带气候。[24]我们很难说这种住屋是乡土或本地的；然而，这种住宅形式的延续性却体现了马来华人的传统，即在适应新居住环境的同时亦不放弃文化身份。

格拉西的研究思路可能符合这张图表达的内容，因为他认为的“传统”包括了乡土和本地的实践。因此，这张表展示了格拉西的这样一种假设——即乡土的和本地的建筑只会带来良好的、适宜的品质，而这种品质基于一种假定的平等主义以及他所定义的“乡土技术”。但是，格

图4.6　马来西亚的华人住屋采用砖石墙体

拉西对于前资本主义时代生产方式的偏爱，使他倾向于将乡土作为一种处在久远过去的“不变之物”。因此，面临其他那些受不断变化的历史和地理环境影响的乡土建筑时，这张图并不能作为一个有效的分析工具。

在第三张图中（图4.7），传统、乡土和本地三个概念被视为三个彼此分离的个体，但三者的交叉部分形成了关于传统建成环境复杂现实的有趣的混合体及引人注目的想象物。在这张图中，传统既不作为乡土和本地交集的狭隘概念，也不是一个包含二者的广义概念。传统被构筑为一个独立类别，它既可以包含、也可以不包含乡土或本地的内涵。因此，第三张图提供了更多元的可能性，来理解传统建成环境与乡土实践、本地观念的关系。

这张图也为我们展现了一类乡土而非本地的传统居住形式，或是

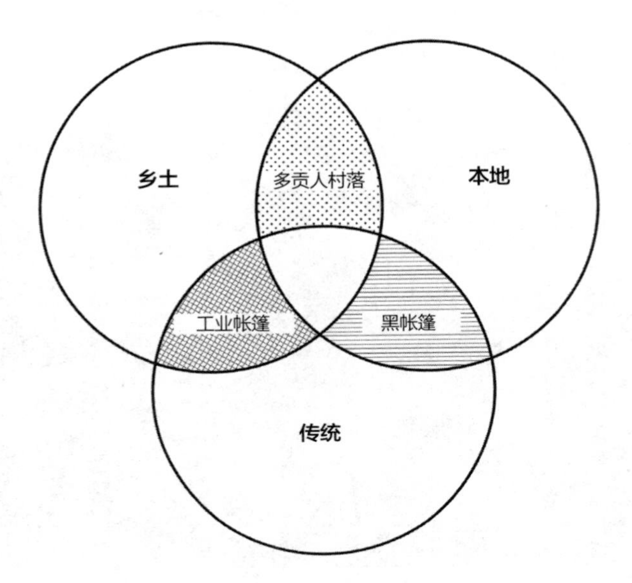

图4.7 图式三（将传统、乡土和本地三者平衡地结合）

本地却非乡土的传统——这些可能性在前两张图中是很难体现的。这一情况的最佳案例之一就是帐篷。作为一种易搭建、可移动的典型住屋形式，帐篷是一种结构原型，在世界各地为不同人群出于不同目的所广泛使用。也可以说，帐篷这一形式是传统的，因为建造帐篷所需的知识和技术可以传播，并长时间地在某个社群内共享。

例如，北非游牧民族使用的黑帐篷是一种本地的传统住屋，但并不是乡土建筑（图4.8）。这种帐篷的包覆结构主要采用当地产的黑山羊毛。但与普遍猜测不同的是，这种黑色包覆并不会因吸收阳光热量而提升室内温度，它的不透光性反而创造出深邃的阴影，还能加强凉爽空气的流通。原因是这种帐篷布的粗糙织法使得空气得以流动，并最终降低了白天的室内温度。而山羊毛上附着的天然油脂，同样在不同境遇下提升了帐篷的可居性。碰到不可预测的恶劣天气——例如

图4.8 突尼斯的黑帐篷

雨雪时，温度骤降，山羊毛的油脂会致使帐篷织物的缝隙骤然收紧——此时，这种帐篷布便成了一件应对严酷气候的“铁布衫”，维持室内温度，防止冷空气进入。[25]

帐篷还呈现出一种乡土而非本地的形式。当代工业化生产的帐篷是个很好的例子。由于这种帐篷的轻质和便携，它经常会在登山、野营、度假远行等当代休闲活动中得到应用。一个在特定地点仅持续数日的露天节日，便提供了使用现代帐篷（及其居住体验）的完美场合。例如科切拉山谷（Coachella Valley）音乐艺术节，每年夏季在加利福尼亚南部举办，会现场搭建出租一类帐篷，称作“游猎帐篷”。这种帐篷“室内配备了风格浮夸的家具，拥有空调、卫生间、淋浴室，紧邻私人停车位，搭配上下车区域，提供早饭和深夜点心、现场前台、高戒备安防护栏、室外休息座椅、帐亭、室外照明、游戏等服务”。[26]这种“游猎帐篷”的租金高达6500美元，代表了一种已演变为奢侈品的传统形式。

最后，帐篷还可以代表另一种传统住屋类型，这种类型无法归入乡土实践或本地形式的范畴。一个例子就是中东和中亚游牧民族使用的帐篷，他们往往将建造帐篷的建筑材料带在身边。例如巴罗克（balok）框架帐篷是由居住在泰米尔（Taymyr）地区及西伯利亚克拉斯诺亚尔斯克（Krasnoyarsk）地区的多尔干人①（Dolgan）建造的。巴罗克帐篷的设计是为了容纳他们的主要营生——驯鹿牧养。他们需要随着驯鹿群迁徙。[27]这种帐篷和其他类型的帐篷类似，建造方法结合了木框架及密织包覆层——包括花哨的织物和驯鹿皮。巴罗克帐篷还高度依赖多尔干人的交通方式——一种驯鹿拉的长雪橇。因此，每个地区（乃至同一地区的不同社群）所采用的帐篷形式和建造方法都各不相同。这种巴罗克帐篷不仅与建造者可获取的材料和资源有关，同时也与运载建筑材料的交通方式相关。[28]

这一探讨中最关键的并不只是分类方法，而是分类所基于的标准、分类的制定者以及制定的目的。因此，讨论本地性概念的发展及其与传统的关系，就变得非常重要。

走向一种立场

谭尼亚·李（Tania Li）运用福柯的方法论，研究本地性（indigeneity）作为一种界定人地关系的方式的概念发展。尤其是，她认为殖民时期的

---

①译者注：多尔干人，居住在俄罗斯西伯利亚地区的突厥语民族，被认为是一个突厥化的通古斯民族，持多尔干语，人口仅7000余人。常年在冰原上从事驯鹿牧养、打猎、捕捞和少量农业，信奉萨满教和东正教。

领域管理将那些被认为适合资本主义的与不适合资本主义的群体分离开来。后者被冠以“原住民”（indigenous）的声名，殖民地官员都希望能将他们限定在特定的区域生活。这种基于控制生产资料的殖民地治理方式呈现出多种形式。例如，殖民地政府有时会采取法律手段，防止土地转让超出部落领土。或者，他们发展出某种关于社群和部落的概念，这种概念具有对某一限定土地的强烈依附性。李进而阐述了本地性的当代观念发展，这种观念得到例如世界银行这样的专业机构的支持，同样错误地将一些族群认为是“限定的群体”（bounded groups），并试图将他们“永远锚固在场地里”，而不愿承认阶级分化或内部冲突。[29]

在澳大利亚城市的后殖民语境下，萨拉·詹姆斯（Sarah James）也指出了“本地性”概念内在的矛盾。在多元文化主义（multiculturalism）主导的地区——即承认“一种白人文化内核及各不相关的原住民和‘他者’族群”，她提出需要采取一种“跨文化视野”来审视类似文化遗产评估这样的土地使用政策，即同时认可原住民“保留差异的权利”以及“对城市的权利”。[30]这种“双重权利标准”，不仅要认可“对土地的文化粘连”，也要承认“社会和经济不平等的实际体验”。[31]

珍·M. 雅格布斯（Jane M. Jacobs）对后殖民时期澳大利亚本地人口（即澳洲原住民）的分析中，呈现了本地性的另一种复杂性。她分析的地区之一是西澳大利亚州的首府珀斯（Perth）。城市郊区有一座老酿酒厂，靠近斯旺河。20世纪80年代中叶酿酒厂关闭后，州政府通过旗下的西澳大利亚发展公司，计划将酿酒厂改造为一处拥有餐厅、零售和画廊的旅游休闲中心。然而，这一愿望却遭到了原住民的反对，原因是他们声称这里是乌贾尔蛇的家园——在当地信仰中，正是这种神秘的生物开凿出该地区的水道和山谷。当地原住民相信，保护和照料这块土地及其水源是他们的神圣职责。因此，他们占领了斯旺酿酒厂，以抗议土地再开发计划。他们向州政府和联邦政府请愿，同时发起多项法律诉讼，不仅要叫停再开发计划，同时要求拆除现存建筑，将这里变成公园。这一“返归自然”的提案并不是政府发展规划所构想的选项，原因是它与政府的城市观念相对立，并且违背了现代与进步的逻辑。为了解决这一冲突，政府最终提议建造一座文化旅游设施，其中包括对原住民文化的展示场所。[32]

在更宽泛的层面，雅格布斯还提出，殖民时代的澳大利亚城市发展试图将原住民限定在城市之外的保留地和聚落中。这样一种空间抑制的逻辑，目的是将异文化保持在殖民者自我的一定距离之外。在雅格布斯看来，斯旺酿酒厂的争议代表了一种“流离的他者（displaced otherness）”的回归——这恰恰宣告了殖民时期对“他者”的控制权（mastery）的失效。正如霍米·巴巴（Homi Bhabha）所言，这种控制权从未真正实现；它一直转瞬即逝，一直被重新书写，一直生产出难以管控的溢出效应。[33]因此，尽管原住民的抗议者“未能”阻止再开发，但他们通过这一抗议行动，重新激活了对土地的认知和占有权，并且重新获得了在城市中的位置。[34]

本地性的复杂内涵将我们推向一系列关于传统建成环境的重要问题：在当代全球景观之中，随着殖民时期的土地政治和暴力迁移的遗产使得对土地的传统权利变得日益复杂，我们又将如何理解传统、乡土和本地这三个概念？这种情况在像澳大利亚的这种所谓“殖民者城市”中愈发凸显，原住民被剥夺了居住在自己的土地上的权利。因此，真正“认可”本地文化及场所究竟意味着什么？[35]传统建成环境的内涵将如何被“竞相争夺认可”的“本地人权利与多元文化愿景”之间的张力所环绕和影响？[36]当我们将传统、乡土和本地三个概念引入讨论时，谁有权利来裁定这些词汇的定义？

上述论述也提醒我们，传统、乡土和本地只是一种思想建构，而非固化的分类标准——这将改变和重塑我们对于建成环境的理解。因此，我对于三者关系的探讨绝非希望提供一个关于传统与乡土实践及本地形式之间关系的定性结论。相反，我希望这些观点能够启发后人更开放的想象，以帮助认知我们的所作所为的效益和局限——不仅包括对建成环境的分类，还有我们为其不同部分所附加的价值。

（黄华青 译）

第五章
殖民主义、身份与传统

19世纪中叶左右，世界范围内皆经历了现代工业资本主义的兴起和以殖民主义为代表的组织化政府统治的涌现。在殖民主义范式下，如安东尼·金（Anthony King）所写的，世界被分割为两种民族和两种社会：强大的、管理上先进的、白人至上的、名义上基督教的、欧洲人为主的、处于支配地位的国家；和弱小的、组织上落后的、传统根深蒂固的、处于被支配地位的社会。[1]简而言之，在早期的文化交流与交融中，世界被划分为殖民者和原住民，且双方都认识到并承认这一区别。

这种区别不一定且事实上很少反映出其实际的差异。更准确地说，殖民者对被殖民者抱以先入为主的观念，这些观念在文学、政治话语和建成环境中均有体现。通过统治和抹杀原住民而建构起来的一个固有形象，成为两类人交往的基础。类似“我们”和“他们”或“我们”和“他者”这样人为而肤浅的概念并置，在政府政策、文学话语、建筑和城市形式中被持续固化下来。

正如斯图尔特·霍尔（Stuart Hall）所观察到的那样，上述每种二元性中的主导术语（西方、全球北方、中心等）均主要由差异性定义且是相对于“他者”来建构的；没有任何一个能构成整体性的、预先存在的真实主体本身。而那些从属术语（东方、全球南方、边缘等）同样是一种发明，它们产生于各种后殖民和反殖民话语中。[2]这些二元论在今日的建成环境研究中所发挥的唯一作用是，迫使理论立场的阐释超越二元对立的场域。在此过程中，它开启了关于那些被分类对象的复杂维度的探讨——在本例中，即对生产建成环境的潜在社会政治基础的讨论。

或许还没有人像爱德华·萨义德那样清晰地阐述过“他者性”（otherness）的概念及其影响。他对“东方主义”（Orientalism）的研究证明了该词的力量以及它在创造、维持和生产一个被建构的“他者”形象方面的关键作用。根据萨义德的说法，“东方主义”是一种基于“东方”和（大多数时候称之为）“西方”两者间的本体论和认识论区分的一种思考方式。[3]这个概念是在18世纪晚期启蒙运动之后，由欧洲的统治者及学者发明的。在殖民时期，东方主义是一个系统论述，欧洲列强借助它得以管理与生产东方的思想。[4]斯蒂芬·凯恩斯（Stephen Cairns）拓展了萨义德的理论，他强调“东方作为西方价值观的对立面，基于它，后者得以被定义、凝练和宣扬为普世准则。”如此看来，东方主义“显然与殖民主义的统治与胁迫行为有着很深的联系，它不仅仅反映了这些行为的授权逻辑，而且还‘创造并维系’了这种逻辑”。[5]

在展现殖民事业的艺术作品中，被殖民者往往被描绘为显而易见的“他者”，并经常处在身体上低于欧洲殖民者的位置。在此，再现的问题成为核心，因为这样的艺术创作促进了“他者”的创造，拉大了支配者和被支配者之间的鸿沟（图5.1）。

对于殖民主义和传统的关系，以及这种关系对族群身份认同及其建成环境的影响的研究，可分为三个历史阶段：殖民时期；独立和民族国家建立时期；最近的全球化时期。这三个阶段伴随着三种不同的城市形态：混杂型；现代和伪现代型（pseudo-modern）；后现代型。在殖民时代之前，在当今大多数发展中国家，聚落主要是在前工业时代且通常与世隔绝的条件下，以传统社区的形式存在。看起来，这一时期的聚落

图5.1　让·莱昂·热罗姆的《舞蛇人》，约1870年

形态是由社会文化因素及对周围自然环境的回应所塑造的。这些早期聚落也可能在潜意识层面反映了居住者的身份认同。我在第一章详细探讨了这类建成环境的例子。然而，由殖民接触带来的范式转变形成了一种不平等的文化和社会经济互动关系。如果今天有人分析发展中国家城市中身份认同的问题，那么他仍需要思索这一转变，并理解身份认同被亵渎、忽视、扭曲或固化的过程。

任何关于这方面的工作都必须作出某些假设，且其中有些假设已有人提出过。就此而言，本章所提出的假设与金在《城市主义、殖民主义和世界经济》（*Urbanism，Colonialism, and the World Economy*）一书中所做的假设大致相同。第一个假设是，建筑形式只能放在殖民历史的背景下理解；第二，建成环境是全球生产体系的重要组成部分。当然，两者均基于第三个假设，即建筑形式是在社会过程中生产的，因此也是全球化过程的产物。虽然上述假设可能是正确的，但也应注意到，一个区域的政治经济是其建成环境的基础，而其文化对这一进程的形式表达（formal articulation）的影响也是不容忽视的。[6]

在研究殖民统治条件下生产的建成环境时，“殖民主义”和“帝国主义”的区分是十分重要的。萨义德提供了一个实用的区分方式。他将“帝国主义”定义为：一套通过建立一个宗主中心以统治边远领土的实践、理论和态度立场。根据这一范式的定义，“殖民主义”是帝国主义的一种具体表述，与领土的入侵和定居有关。因此，殖民主义和帝国主义这两个术语之间存在一个隐含的时间顺序。如萨义德所述，“直接的殖民主义基本已经结束，（但）帝国主义……仍如过去一样挥之不去，盘桓于文化领域以及具体的政治、思想、经济以及社会实践之中”。[7]尽管本章的讨论是关于殖民主义，但帝国主义仍是审视殖民项目的重要背景。

殖民统治与传统

殖民统治一般不是对毫无戒心的受害者突如其来的、迅如闪电的袭击下造成的结果。通常，殖民主义是在“发现”新土地及一段初期接触之后逐渐形成的。地理学及历史学家唐纳德·W. 梅尼格（Donald W. Meinig）划分了一系列殖民过程的典型阶段：对未知领域的勘察；沿海资源的收集；与原住民的物质交换；进入内陆的掠夺及初期军事行动；边区守卫的稳固；帝国的凌驾（对于主权的象征性主张，以及第一批殖民地官员的驻扎）；第一批非军事定居者的安置和一个自给自足的殖民地的建立；最终形成一个完备的殖民统治机器。[8]

梅尼格提出的顺序可以很好地适用于欧洲对巴西、北美和部分加勒比地区的殖民。然而在考察非洲和亚洲的殖民主义时，这一模型需要修正。每当殖民统治面临武装强大的本地居民、不利的气候、热带疾病等一系列使得移民定居看起来困难重重的境况时，从帝国的强征、到安置第一批非军事移民，再到形成殖民统治结构之间往往要经历漫长的时间。这段时间便是一系列过渡阶段，期间欧洲人与地方权威则以正式合约的形式寻求一种和平的过渡办法（modus vivendi）。[9]

尤根·奥斯特哈梅尔（Jurgen Osterhammel）在阐述殖民主义概念时提出，我们必须精确而非笼统。他认为，并非历史上所有形式的外国统治都被其臣民视为非法。他以埃及为例说明了这一论点。埃及在1517年至1789年间由奥斯曼帝国统治，奥斯曼苏丹的统治被埃及本地人所接受，因为苏丹宣称拥有哈里发地位，从而赋予其政府更强的合法性。他进一步区分了世界史上较早的殖民主义形式和由美国、欧洲列强主导的近现代殖民主义政权，他将后者称为“现代殖民主义”（modern colonialism）。[10]

奥斯特哈梅尔还描述了“现代殖民主义”的几个关键特征。首先，现代殖民主义建构的并不是一个简单的主仆关系，而是在这个关系中，整个社会被剥夺了原本的历史发展路线，并根据殖民政权的需求和利益而受到外部的操纵和重塑。这一过程基于一种使“边缘”社会屈从于“宗主国”的驱动力。其次，殖民统治者不愿为从属社会做出任何文化让步或属性同化。最后，现代殖民主义不仅是一种可用结构性术语来描述的关系，更是一种须根据其意图来理解的关系。正如16世纪的伊比利亚和英国殖民理论家所描述的那样，欧洲的扩张：

> 被宏大地美化为履行一种普世使命：作为对拯救异教徒的神圣计划的贡献，作为“教化”“未开化者”或“野蛮人”的世俗任务，（和）一个白种人天生就应该承担的重任。[11]

尽管这种传教式的花言巧语也曾被日本等旧殖民政权所使用，奥斯特哈默尔认为，只有在现代殖民主义中，才出现了如此咄咄逼人的扩张主义转向。

就殖民主义的定义而言，鲁珀特·爱默森（Rupert Emerson）曾写道，殖民主义意味着“在较长一段时间内，对一个独立的、从属于统治力量的外国民族的统治的建立和维护”。[12]奥斯特哈梅尔对“殖民主义”的定义并未依托于“殖民地”（colony），他认为，尽管殖民主义和殖民地是结伴而行的，而且在某些情况下可能同时发生，但彼此之间不应有如此密切的联系。事实上，他认为无须建立殖民地就可以实现殖民。他还指出了并未经历殖民过程的殖民地建设，可以源于军事征服。他对现代殖民主义的定义如下：

> 殖民主义是一种本地的（或强制引进的）多数人和从国外入侵的少数人之间的统治关系。影响殖民地人民生活的基本决定，是由殖民统治者为了追求通常由遥远的宗主国所确定的利益而制定并实施的。殖民者拒绝与殖民地居民达成文化上的妥协，他们深信自我的优越性和自己被赋予的统治权力。[13]

在分析殖民政权对本地社会的影响时，本尼迪克特·安德森（Benedict Anderson）提出，在殖民政权之下，其意识形态和政策存在着一套“语法”。这套语法的一部分是由三种“权力机制”（institutions of power）构成的——人口普查、地图和博物馆。虽然这三种机制皆发明于19世纪中叶之前，但随着“殖民地区进入机械复制时代”，它们的形式和功能亦发生了转变。这些机制“深刻塑造了殖民国家构想其统治的方式——它所统治的人类群体的特征、其疆域的地理状态，以及其祖先的合法性”。[14]这三者的共同作用（nexus）帮助建立或复兴了某些身份认同，某种关于主权和边界的概念，以及某个合法性的来源。

这三种机制中，安德森将人口普查的起源追溯至最初的殖民相遇——即当殖民者进入这些国家，看到了原先并不存在的阶级和种族结构。然而，这些可理解性的格网被转化为分类上的方法和管理上的手段，并通过身份认同进一步建构为这类结构。[15]类似地，查尔斯·赫希曼（Charles Hirschman）曾提出，人口普查中的“身份类别”（identity categories）彰显了一种“异常迅速的、表面武断的、系列性的变化，在这些变化中，不同类别不断地聚集、分解、重组、混合及记录”。他的结论是，殖民时期的人口普查类别变得“更显著、彻底地种族性”，同时，宗教身份也逐渐衰减为一种人口普查的主要类别。[16]大量种族分类被保留并重新排列，然而，这些类别本身就是由人种-语言（ethno-linguistic）群体、地理位置等因素构成的大杂烩。根据安德森的论述，“这些由殖民地政府（本身也很困惑）的分类思维所想象出来的‘身份’，仍有待帝国以其行政渗透来快速促成他们的实体化。”[17]

人口普查很快就在地图上实现了空间的推演，这使得殖民地国家得以在规模和功能上成倍扩张，得以更好地组织人民福利，而实际上也是更好地进行统治。与人口普查一样，地图使这一“总览型分类法”（totalizing classification）成为可能。因此，“一张地图为其意图再现之物提供了一种模型，但并非那些事物本身的模型。①”[18]

通过采用基于东方主义者的方法以及人口普查作为统治的工具，殖民统治引入肆意而排外的种族分类法，改变了土著人口的社会结构

---

①原文：A map was a model for, rather than a model of, what it purported to represent.

和他们的传统。许多拉丁美洲社会——包括巴西、加勒比地区以及南至巴拉圭的西班牙化美洲大陆——不断地被欧洲殖民者所重塑。然而，拉丁美洲的社会分裂最终将白人阶层与其他人群区分开来，这种按肤色分层的做法大致在殖民征服后的第一个世纪发展起来，尤其是在西班牙人控制的地区。正如奥斯特哈梅尔所指出的，这种“肤色统治”（pigmentocracy）因两个因素而变得复杂化。一方面，“种族”（race）和“阶级”（class）不总是相互关联的，且贫穷白人的数量与被解放的黑奴构成的中产阶级的数量在同时增长。另一方面，与西班牙的语言、服饰和行为的“文化”亲近度往往比肤色更为重要。因此，在19世纪晚期，统治者向富有的及受过教育的本地人开放了一种宣布自己为“白人”的法律途径，从而在社会中引入了一个新的阶级。然而在加勒比地区，按肤色划分阶层的区分方式甚至持续到了奴隶制度及殖民统治终结之后。[19]

虽然种族标准在拉丁美洲得到了改良，但在非洲和亚洲，殖民社会景观的二元化仍在加剧。新欧洲殖民地和土著社区之间的种族隔离存在多方面原因。首先，移民的欧洲女性在殖民地社会创造了性自足的可能，由此制约了与当地人通婚的需求——在此之前，这类通婚曾受到一些殖民地政权的鼓励。另一个区隔的动因是，从贸易关系向殖民统治的转变，使得“合作时代”转向为“从属时代”。此外，本地人的暴力抵抗也导致殖民群体倾向于将自己保护在封闭的聚居地中。还有一个原因是，种族主义始终以较不明显的方式存在着，甚至持续至奴隶贸易终结之后。为此，奥斯特哈梅尔认为：“种族主义往往并非种族隔离的动因，而是其结果。种族主义通常是在隔离发生之后被用来作为此举的借口。”[20]

不同的殖民地政府在雇佣本地人担任高级职位的意愿上也各不相同，尽管他们（本地人）中的大多数从事着卑微的工作。只有当一个殖民势力在其母国缺乏代表制政府形式时，才有可能在殖民地吸纳大量忠诚的当地公务员。相比之下，例如在英国管辖的马来半岛地区，在1910年左右，政府的下层开始逐渐本地化，导致一个新的阶级的发展，这一阶级不仅与旧的本地精英阶层保持密切联系，也与殖民势力拥有高度关联。这一发展（模式）也曾发生在荷属东印度群岛和菲律宾群岛。[21]

殖民主义和传统建成环境

奥斯特哈梅尔将殖民地定义为：

> 因入侵（征服或殖民定居点）而产生、但却建立在前殖民条件之上的新政治组织。这些外来统治者长期依赖地理上遥远的“母国”或者帝国中心，并声称对殖民地拥有独享的“所有”权。[22]

他随后指明了发生在近几个世纪内，由于欧洲、美洲和日本诸帝国的扩张而出现的三种主要殖民地类型。第一种是“剥削型殖民地”（exploitation colonies），通常是在军事征服后长期接触的结果，但并未吞并对方领土。其目的是通过贸易垄断、自然资源占用、征税而非亲自耕种来进行经济上的掠夺。该类殖民地通常只会涉及一些相对无足轻重的人员代表，主要以民事官员、士兵和商人的形式出现（拉丁美洲的西班牙殖民地除外）。这些殖民地代表往往是临时驻扎，任务完成后便返回母国。这些殖民地受到母国专制政府的统治，其政府有时会表现出对当地居民的家长式关怀。这类殖民地的例子有：英国在印度和埃及的殖民地，法国在印度支那的殖民地，美国在菲律宾的殖民地，以及日本在中国台湾的殖民地。

按照奥斯特哈梅尔的说法，“沿海飞地”（maritime enclaves）是第二种殖民地类型。其目的是促进对内陆地区的间接商业渗透，并且（或）作为海上军事部署的后勤保障以及对名义上独立国家的非正式控制。这类殖民地包括：葡萄牙人所在的马拉加，荷兰人所在的巴达维亚（今天的印度尼西亚），英国人所在的香港地区、新加坡和亚丁（Aden）①。

“定居殖民地”（the settlement colony）是奥斯特哈默尔列举的第三种殖民地类型。这类殖民地经由军事压制的过程达成，其目的是利用当地廉价的土地和劳动力，为在母国处于压力之下的社会、宗教和文化生活提供一个排解出口。这类殖民地的存在形式通常是永久定居的农民，例如在北美的情况。然而在自治的初期，“白人”殖民者往往会无视本地居民的权益。由于地理差异的原因，这类殖民地逐步发展出不同的变体。在北美（包括英属新英格兰殖民地和英法在加拿大的殖民地）和澳大利亚，这些殖民者替换甚至消灭了那些经济上可有可无的原住民人口。但是在非洲，殖民者更多依赖于本地劳动力。例如法国在阿尔及利亚、英国在罗德西亚（Rhodesia）、英荷在南非的殖民地。同时，在加勒比海和南美洲，许多殖民地依靠进口奴隶而生存，如葡萄牙在巴西、英国在巴巴多斯及牙买加的殖民地。[23]

奥斯特哈默尔所列举的所有殖民地类型都对聚居形式产生了影响，但其均有一个共同的特征，即混杂社会关系的出现，以及混杂的建筑和城市形式的出现。在探究殖民统治对城市的影响时，金（King）更倾向于将其描述为“处于殖民社会或领土中的城市”，而不是“殖民城市”。这种再定义促进了四个独立要素的思索：社会，领土和地点，殖

① 译者注：亚丁（Aden），也门（Yemen）南部港口城市。英国曾于1937—1963年以亚丁港为中心建立殖民地，其殖民行为可追溯至1839年东印度公司对亚丁的占领。亚丁曾长期作为英属印度和欧洲之间的重要转口港，因其扼守红海之战略位置，在1869年苏伊士运河开通后一度成为世界上最繁忙的港口之一。

民化过程，以及由此形成的城市。他认识到，殖民社会中存在的城市类型远比殖民城市语境所指向的更为广泛，这进一步引出是什么导致某些城市而非其他城市被认定为殖民城市的问题。葛哈尔·特尔坎普（Gerard Telkamp）的一项文献研究已甄别了大约30个此类特征。而金的研究方法——尽管与奥斯特哈默尔的方法并无大异——则归类了居住在这类城市的三种主要社会特征：首先，权力（经济、政治和社会层面）主要掌握在非本地的少数人手中；其次，这些少数人在军事、技术、经济资源（以及由此形成的社会组织）方面更加优越；最后，被殖民的多数人在人种（或种族）、文化及宗教上都不同于殖民者。[24]

在本人的论著中，我倾向于使用"统治"（dominance）这个词来代替"殖民"。统治权并非殖民城市所独有，但殖民背景下统治权的使用和表现尤为粗暴。殖民时期的城市比其他城市更能彰显统治的行为，而对殖民主义的研究可以让我们更清楚地理解（经济上、智识上、实体上和象征上的）统治。因此，了解殖民城市之所以重要，不是因为它们有多么与众不同，而是因为它们的政治决策过程更加透明。对殖民城市中统治形式的分析，或许能为人们更好地理解传统变迁的过程指明道路。在殖民城市中，统治者和被统治者之间的关系，以及政治议程及其背后的动机均更加清晰。

在个人、群体或国家的层面，动机（motivation）均是统治方程的一个重要方面。正如保罗·利科（Paul Ricoeur）所指出的，我们有必要理解"动机在符号中的表征，'分析'符号的表征方式，以及它们是如何传递意义的"[25]。事实上，我们可以指出殖民主义的两种基本动机，一种是利己主义，另一种是利他主义。前者关心的是开采资源，在牺牲他人利益的条件下改善自己的境况；后者的运作则基于一种道德责任的前提，试图通过统治来提供帮助。利他主义的动机可能来自宗教信仰或其他意识形态，但可能无法很快带来经济利益。然而，大多数殖民主义学者都认为，从长远来看，在殖民统治的过程中，前者的利己因素将不可避免地发展壮大。

例如，一些学者认为，阿拉伯人对新月沃土和北非的征服可能不属于殖民主义，因为它的短期动机并非经济利益或组织化的资本主义剥削。如果只从资源和劳动力榨取的角度来考虑殖民者与被殖民者的关系，上述观点是有一定的道理。然而，以新月沃土为例，我在其他地方曾提出完全相反的观点，即强调一个不断扩张的伊斯兰帝国的殖民本质。阿拉伯人征服中东中部地区的主要动机是三个殖民因素：其一，伊斯兰教的意识形态本质，是它赋予阿拉伯人神圣的使命感；其二，阿拉伯的统治精英们的意愿，如何在扩大贸易活动的同时保持其政治权力；其三，从较富裕但较弱小的国家抢占土地和资源的经济必要性。通常，阿拉伯人对一座城市的接管并不涉及武力对抗。以大马士革为例，当地居民并未抵制阿拉伯征服者，因为他们觉得自己在种族上更接近于这些南方邻居，希望借此摆脱自己的拜占庭君主。然而，正是由于这种种族或民族的亲密关系，才使得大多数研究阿拉伯和伊斯兰文明的学者没有充分地将阿拉伯穆斯林城市化的这种早期关系视为殖民主义。[26]

在其他方面，这一殖民关系的迹象更为明显。例如，占用并拆除早期文明的宗教和政治建筑已成为阿拉伯扩张的普遍做法，与这种转型有关的象征主义无疑应被视为殖民主义。占用教堂并将其改造成清真寺，在新建的或现存的城市中心为新统治者建造宫殿，都彰显了殖民城市主义（colonial urbanism）发挥的作用。因此，尽管阿拉伯人并没有将自己的居住地隔离开来，但他们的确进行了殖民式的行为，继而最终改变了他们所占据城市的肌理。与此同时，一个地区的本地人却经常被禁止表达他们的文化和传统，有时还包括其宗教。而那些与过去关联的城市和建筑表征却被完全压制，经过几个世纪的发展，导致了一种完全不同的文化和建筑传统。[27]

相反，在八个世纪后的菲律宾，西班牙人征服之前并无本地的城市传统，故而西班牙殖民者采取了帝国主义的策略，推行了一系列城市化进程。因此，从它作为由50座原始小屋（caña y nipa）组成的小聚落成立之初，马尼拉就是一座真正的中心城市——它的重要性在这片群岛上如此独一无二，以至于盖过了所有其他城市中心的光芒。 这种重要性源自于西班牙利用城镇来控制被征服人口的政策。这一西班牙殖民城市主义的蓝本在美洲得到了完善，并由此传播到了太平洋彼岸。它的构成以一座欧洲式行政首府为中心，周围环绕着少数的地区首府、要塞（presidios）、矿镇和一系列教区（mission）。在菲律宾，西班牙人的征服起初是困难的，因为缺乏现存的城市形态作为现成的控制性堡垒来使用。在后来的岁月里，菲律宾人不愿意抱团居住或放弃勉强糊口的生活方式，这迫使天主教传教士的策略有所改变。但马尼拉作为跨太平洋的大帆船贸易（galleon trade）集结中心的角色，确保了自身的繁荣。这种贸易所释放的经济力量把亚洲和世界各地的人带到马尼拉，使马尼拉成为一座真正的异质（heterogenic）城市。在这段时间里，大帆船贸易的中心是西班牙人建立的一块堡垒式飞地，它是根据1573年法令（西班牙印第安殖民地法的一部分）中概述的伊比利亚美洲（Ibero-American）模式设计的。但它也催生了不少充满活力的郊区，那里居住着菲律宾人、中国人、日本人和混血儿（mestizo），这也帮助塑造了这座城市的最终形态。[28]

殖民主义和建筑现代主义话语

当我们谈及19世纪末和20世纪初的殖民经验时，关于殖民城市主义的讨论不可避免地要面对“现代性”（modernity）的问题，包括其物质上和概念上的维度。正如安东尼·吉登斯（Anthony Giddens）所言：

> 现代性指的是从大约17世纪开始在欧洲出现，随后或多或少在世界范围内产生影响的那些社会生活或组织模式。[29]

他列举了“两种截然不同的……对现代性的发展具有特殊意义的组织结构：民族国家和系统的资本主义生产”。两者都是欧洲历史的衍生品。他问道：“就这两大变革机制所培育的生活方式而言，现代性是否具有鲜明的西方特色？”[30]他的回答是一个响亮的肯定。

如保罗·拉比诺（Paul Rabinow）所示，这一现代主义话语在摩洛哥的法国人身上表现得最为明显。他描述了殖民时期摩洛哥的城市建设如何由于贝尔·利奥泰①（Hubert Lyautey）主导的城市规划试验而产生，后来又由亨利·普罗斯特（Henri Prost）和米歇尔·埃科沙德（Michel Ecochard）持续完成——尽管进行了重要修正。这一规划项目由两大思潮所主导，拉比诺称之为“技术世界主义”（techno-cosmopolitanism）和“中间现代主义”（middling modernism）。“技术世界主义”是“对历史、社会和文化的操作化尝试”。也就是说，传统是从有序的现代社会规则（norms）的视角来评价的——拉比诺将这些规则定义为健康、生产力和效率②。“城市规划——以及一个健康的现代社会——的艺术恰恰在

① 译者注：于贝尔·利奥泰（1854—1934），法国政治家、军事家、元帅，生于南锡。他于1912—1925年担任摩洛哥总督，奠定了摩洛哥的法国殖民制度。曾因其“帝国建设者”的功绩而登上《时代》杂志封面。

② 译者注：这三个关键词是现代资本主义，也是现代社会的组织原则，对于现代建成环境亦有很强影响。

于普遍性和特殊性的协调，”拉比诺如是评价，“现代化必然意味着对传统的识别、评价和操作化……”[31]相反，“中间现代主义”则试图通过科学生成的健康空间以创造“新人类”（New Men），并借助普世主义来创造一种能够压制历史与文化的形式主义信念。

拉比诺认为，在利奥泰看来，理想的政府形式是中央化、理性化和集权化的，由一群具有公共利益意识的新的精英来领导。利奥泰认为他的任务是将“技术现代性”引入到既存的、积久的（包括社会和空间形式的）传统中去，以避免不受控制的发展和投机。原有的等级制度因而得以保留，但变得现代化了（由此出现了本地人与法国人分开发展的城市）。公共机构建筑需要结合现代的和陈旧传统的这两种元素。为更好地实现这一目标，利奥泰和普罗斯特在公共建筑中引入了“新摩尔式”（neo-Mauresque）风格。

相比之下，埃科沙德在卡萨布兰卡采取了一种“中间现代主义”的进路。他批判利奥泰忽视了摩洛哥人的需求，并提出一项基于产业去中心化、发展农村市场中心、发展中型城市为基础的国家性规划。作为国际现代建筑大会（CIAM）及其《雅典宪章》提出的原则的信仰者，埃科沙德认为人类的需求是普世的——当然，是基于欧洲的、犹太—基督教的意识形态所信奉的人和社会的本性。在追求个人愿景的过程中，他忽略了文化、气候、经济和政治因素，他所大规模生产的住房单元方案是基于他自己对普世需求的最小计算。尽管他反对种族隔离，但他所设计的“欧洲式居住街区及摩洛哥式居住街区”很快就形成了这样一种隔离的现实。

另一个不同的案例体现在阿尔及尔（Algiers）的“炮弹计划”（Plan Obus）中，这是法国殖民阿尔及利亚期间，由法国建筑师勒·柯布西耶（Le Corbusier）提出的对城市的全面重新设计。然而，在他规划下的城市的重新配置仍然集中反映出殖民关系的“不平等交换”。首先，该规划要求城市的现代化区域不断扩大：商业区将位于沿海的老街区，并通过架设在古城（Casbah）之上的高速公路与一片欧洲人的新住宅区相连。与此同时，一座巨大的沿海高架桥，在为下方的工人住房提供结构框架的同时，还将提供与附近沿海城市的网络连接[32]。据米歇尔·兰普拉科斯（Michelle Lamprakos）的说法，柯布西耶的计划是“高度文化指向的：植根于现代欧洲的价值观……（且它）将彻底把阿尔及尔和它周围的乡村变成法国资本主义的卫星城”。他试图整合法国人和阿尔及利亚人的社区，“却仅仅是按法国的标准进行整合：法国人是主，阿尔及利亚人是仆”。[33]

勒·柯布西耶对阿尔及尔的愿景，与法国的政策从“同化”（assimilation）到“联合”（association）的转变是一致的，经过这种转变，其本土文化和建筑均被欧洲人发现并记录。例如，柯布西耶以一个蒙面女子的形象来代表古城，据说是受到阿尔及尔妇女的启发。然而，他的规划并未考虑城市既有的地理情况，也没有考虑城市中隐含的社会结构（图5.2）。一些作家曾提出，殖民话语和权力是通过基于种族、性别、阶级和性等社会契约之间复杂的相互作用而发生的。[34]其中，迦雅蒂丽·斯皮瓦克（Gayatri Spivak）将出现在柯布西耶的阿尔及尔规划中的性别政治的差异性称为“男性主义的实践”。[35]她写道，帝国主义引发了男权主义者对“处女地”的占有，以及男权主义者对女性化荒野的驯服。[36]在本质上，柯布西耶对阿拉伯文化的理解，对城市主义本质的理解，以及对整合的理解，都是其“欧洲计划”的一部分。

“炮弹计划”从未实施，但它所体现的思想和所反映的殖民关系仍具有持续的影响力，甚至在阿尔及利亚独立之后也是如此。因此，在法国人之后上台的革命政权具有讽刺意味地诉诸完全相同的殖民结构和符

图5.2　勒·柯布西耶的“炮弹计划”草图，将老城画作一个戴着面纱的妇女

号，来投射现代民族国家的形象。换言之，这个例子说明了殖民者创造的图像是如何成为被殖民者的自我形象的。

席琳·哈马德（Shirine Hamadeh）认为，传统城市的概念与“老城”的概念放在一起会更易于辨析，前者诞生于19世纪的法国殖民话语中。当法国殖民当局宣布新的北非殖民地为法国地缘政治边界的延伸时，他们便参与了同化当地人的进程。这意味着要让他们接受殖民主义的理想，正如“文明使命①”的观念所承载的那样。在城市化方面，“同化”意味着“抹除现存的阿尔及利亚社会和物质环境，并建立一个新的现代社会”。[37]

哈马德延续了格温多琳·怀特（Gwendolyn Wright）的论断，追溯了法国殖民政策从“同化”到“联合”的转型，并指出建筑和城市主义不仅是审美层面，也是政治层面的。[38]同化是军事和主权扩张的一部分，城市为它提供了可见的（visible）以及视觉上（visual）权力彰显的主要场所。然而，从19世纪60年代开始，对同化政策的反对声音在法国殖民圈内引发了一项围绕权力下放和经济自由主义的新政策。这一政策被设想为一种形式的分离，即传统被冻结在时间里，而现代不断发展，正如突尼斯及其他“双城②”（dual cities）的发展就是明证。[39]联合的政策要求保留老城，并使其建筑进一步阿拉伯化，其城市发展和改善由此迟滞不前。继蒂莫西·米切尔（Timothy Mitchell）之后，哈马德进一步指出，这种东方主义：

> 并不是一种文化描绘另一种文化的传统或历史方式。相反，它是现代西方本质的重要部分，即必须建构一个客体的世界；那个世界被作为一处展览，那里的生活只不过是舞台陈设的一部分。[40]

---

① 译者注：“文明使命”（原文使用了法语名词“mission civilisatrice”），有时译为“开化使命”，是为15世纪至20世纪西方殖民主义的合理性辩护的一种论调，即认为殖民主义的目的是对“原始文明”的开化，这体现了对他国原生文化和习俗的刻意贬低。

② 译者注：在突尼斯、摩洛哥等前法国殖民地中常见这种“双城”发展模式，即保留错综复杂的古城（通常有古城墙或其他明确的地理边界），在城郊建设一座全新的法国式新城、大部分殖民者和新型中产阶级皆居住在新城，古城则成为种族和阶级隔离的产物。

哈马德继续写道，这些“被发明的传统，并没有为一个变革中的社会提供某种历史延续性”，反而实际上锚固了“某些社会规则、仪式和惯例，它们将历史延续性呈现为变革的障碍”。因此，传统城市的概念被用作帮助法国人统治“他者”社会的便利工具。这一形象是为了“推广对一种异国情调的、静态的、无序的社会的认知，与先进的、规范化的欧洲社会形成对比”。因此，法国殖民者的联合政策要求“承认本地居民的社会和文化身份”——但只是作为西方优越性的一个论据。[41]

在分析殖民建筑及其与东方主义殖民政权的联系层面，斯蒂芬·凯恩斯（Stephen Cairns）扩展了萨义德（Edward Said）的工作。他认为东方主义建筑的研究文献通常支持两种关于现实观念：建筑作为一种表征媒介，被想象成殖民权力的无声载体；建筑作为激进的现实主义，其不证自明的现实承载着对实证分析的呼吁，缓和了东方主义的理论主张。[42]通过对历史研究领域关于建筑与东方主义关系的学术著作的审视，凯恩斯提出，虽然许多学者都一直忠于萨义德的论点；但东方学的建筑项目却发生了嬗变，将东方学从一种话语情境变成了一种图解情境。然而这种图解却演变为一种“时空层面的多元性”。因此凯恩斯认为，无论是萨义德本人还是那些试图从建筑角度思考的人，都回避了东方学研究中出现的表征（representation）问题。[43]

殖民过程影响了整体规划模型，继而决定了城市中心和外围的发展模式。这是现代主义思想从全球北方流向全球南方的时代。然而具有讽刺意味的是，在20世纪50年代，当南方国家发动解放和独立战争时，来自北方的统治者却转而采取了一种老套的城市战略——即为了在现代化的旗帜下将居民重组至棋盘式的安置住区，而摧毁成千上万的传统村庄。然而，这种连根拔起的目的是为了削弱反叛者的颠覆性影响，几乎没有人希望改善当地居民的生活条件。

总而言之，殖民时代导致了一种混杂的建筑境况。特定类型的建筑和城市形式的出现——至少在视觉上——统一了殖民帝国的土地。但混杂殖民形式也借鉴了欧洲本土和当地的乡土建筑。因此，英国的平房小屋并不比印度的更像英国，而荷兰别墅的印尼特色也不亚于其荷兰特色（图5.3）。为了理解这种发展，我们必须深入探究身份认同的概念，以及它是如何影响空间话语的。

图5.3　一个棚屋案例，这种建筑类型在大英帝国范围内传播的过程中变得日益复杂

身份、混杂性和建筑环境

"身份"一词的当代含义有多种不同的起源。《牛津英语词典》解释道，"identity"源自于拉丁语"idem"，意为"相同（sameness）"，它与"相似（likeness）"和"统一（oneness）"具有词源上的类同性，由

拉丁语的“similitas”和“unitas”来表达。同样地，“ident(i)”来自拉丁语“identidem”，意思是“一再重复”。[44]

“身份”作为一个话题，在20世纪末开始颇具争议。例如，凯瑟琳·伍德沃德（Kathryn Woodward）提出，“身份危机”出现在曾经稳定的团体成员关系破裂之时。事实上，身份越来越多地呈现出“其来源的多样性：国籍；种族、社会阶层、社区；性别、性取向等，这些来源相互之间可能也存在冲突”。[45]因此，尽管“身份”或许确实起源于“相同”一词，但伍德沃德认为，身份总是与差异相关。斯图尔特·霍尔在其《谁需要身份？》（*Who Needs Identity?*）一文中表达了相似的立场。借鉴德里达关于差异的概念，霍尔认为，身份认同作为一个过程，总是发生在差异之间：“它需要外在的东西、外在的构成物，来巩固这个过程。”因此霍尔提出，身份应被理解为“在特定的历史和刻意的场所中，在特定的话语形式和实践语境下，借助特定的宣言式策略而生产的”。[46]

尽管目前尚无对于“身份”的固化定义，但所有涉及政治文化领域的典型行为和回应，均表达出好像身份已被放置在历史中妥善地定义和建构。因此，正如本尼迪克特·安德森成功论证的那样，所有民族身份均是建构的，而它们之间的差异主要在于想象的方式不同。[47]在实践层面，人们可能会更加关注身份认同这一关系逻辑的循环本质。就此我的观点是，关于身份的论述总会把人带向“他者”，只为把他们带回到自我之中。在这个话语过程中，参考框架不断转移，但总又回到自我。即“我”之于“你”，“你们”之于“他们”，还有可能是“他们”之于“我们”。这样的分类在殖民主义的内涵中变得非常重要，“我们”和“他们”的关系因在民族、种族、国家的界线上产生的巨大权力不平等状态而被格外强调出来。

在此，我要追随雷蒙德·威廉斯（Raymond Williams）而涉及对关键词的论述。[48]关键词的内涵往往与它们用来解释的问题或事件密不可分。在这种情况下，意识到词语的词源，对于理解其使用背景下的社会和知识语境至关重要。[49]根据《牛津英语词典》的定义，“hybrid”一词源于拉丁语，意为“驯养母猪和野生公猪的后代”或“不同种族父母的后代”。然而，今天这个词的含义要宽泛得多，表示“任何有异质来源的，或由不同或不协调的元素构成的事物”。[50]

混杂性的概念通常适用于作为群体成员的个体被赋予的社会标签，这些标签可能是个体自我的选择，也可能是由他人赋予。这种观念含蓄地承认，每个人都可能生活在一个多重的自我意识中，并可能具有完全不同且矛盾的身份定位。在这一倾向的粉饰下，身份的“建构性”似乎比身份的“根源性”更加重要。[51]如果说固定的身份概念看似可以抵制混杂性并从不一致的线索中建构统一性，混杂性则倾向于将不同的、通常具有各异来源的物体并置和融合。另一方面，如果强调身份的无根性和浮动性的一面，混杂性和身份认同就显得不那么不和谐了。因此，借用史蒂夫·派尔（Steve Pile）的话说，混杂性和身份“无论是否被认为是真实的，它们都不是凭空而来的，它们是为了努力维持差异性而在社会上建构起来的。”[52]对此我想补充一点，基于本书的一些论点，身份认同可能会对一致性的时间压力做出回应，混杂性却可以体现多样性的空间维度。

从历史上看，“混血儿”一词在科学种族主义中的使用已经根深蒂固。正如尼可斯·帕帕斯特吉亚迪斯（Nikos Papastergiadis）所指出的，混杂性的历史关联一直夹带着殖民主义和白人至上意识形态的可疑痕迹。[53]

混血儿经常被定位在人类起源和社会发展的现代理论之内或边

缘，大多表现为堕落、失败或倒退的道德标志。[54]

在《殖民欲望》（*Colonial Desire*）一书中，罗伯特·杨（Robert Young）提出，所有这些立场都证明了种族的概念是“深刻辩证的”，因为“它只有在与潜在混杂因素相对抗时才起作用，这也会威胁并可能推翻它的整套算计。”[55]在这个讨论中，杨对19世纪和20世纪末“混杂”概念的使用进行了区分。19世纪，该词主要指一种“生理现象”，而在20世纪，由于种族主义的科学基础遭到严重质疑，这个词“被重新调用以描述一种文化现象”。[56]在注意到混杂性在20世纪晚期话语中的积极特征的同时，杨也警告说，“从生物主义和科学主义到安全的文化主义”的转变并不是绝对的，因为“种族一直是文化问题，其本质从来没有明确过”。[57]在这一观点上，杨确实与一些当代文化批评家的立场相呼应。例如，对于帕帕斯特吉亚迪斯而言，“混杂性”其概念本身就预设了进化等级和生物纯度的概念，他认为先前的种族主义假设现在可能仍寄居于混杂性的论述中。[58]

身份和第三空间

带有后殖民意味的“混杂性”一词最早出现于20世纪80年代霍米·巴巴（Homi Bhabha）的作品中，他也是这一概念最积极的当代倡导者之一。巴巴认为，“混杂性”：

> 不是解决两种文化之间紧张关系的第三术语，也不是书中的两个场景在玩“认知”的辩证游戏……殖民时期的思辨具有双面意涵，并不能成为自我审视的一面镜子，它一直是自我和替身的分屏，混血儿。[59]

换言之，在霍米·巴巴的拉康式推断中，混杂性不再是“X”与“Y”的混合体；相反，存在着大写“X”和小写“x”。在这个观点中，小写“x”总是部分代表着大写“X”而存在。用巴巴的话说：“殖民话语的欲求是一种混杂性的分裂，这种混杂性是小于两者之和的。”[60]

因而对霍米·巴巴而言，殖民者和被殖民主体并不是作为两个互斥的选择而存在的；这两种身份定位的分离是借助二者间的粘连而形塑的。故混杂性并非源于不同成分的合成，而是来自不同因素遭遇并相互转变的空间。巴巴写道，正是通过这种“中间”（in-between）空间（他称之为“第三空间”）的持续置换，殖民势力才造就了他们自己的陌生人。因此，在巴巴看来，“第三空间”（third space）有可能成为一个阻力场，在那里被殖民主体发生混杂，而殖民者则遭遇失败。[61]

在《牛津英语词典》中，“差异（difference）”被定义为“不同的境遇、品质或事实，或是在品质或本质上有所不同”。它也被定义为“两个或更多事物之间的不一致或不同质关系，分歧”。[62]相比之下，尽管“多样性（diversity）”的定义在某种程度上与差异的第一重含义相似（“多样的、不同的或多变的状态或性质”）[63]，但它没有第二重含义，因而也就意味着无争议共存的可能性。根据巴巴的观点，文化多样性是“对预先赋予的文化内容和习俗的承认”，由此隐约否认了混杂的可能性；而文化差异则质疑了二元对立状态，并关注于“文化权威的矛盾并存问题”。[64]因此对巴巴而言，将文化多样性作为诸如美国这样的多元文化国家建立的基石，就会面临着两个问题。首先，对文化多样性的鼓励总是伴随着东道主社会给出的隐形标准，即“这些他者的文化很好，但必须能够在我们给定的网格中予以定位”。[65]第二个问题是，在多元文化主义受到鼓励的社会中，种族主义仍然猖獗，这似乎是由于“普世主义（universalism）尽管矛盾地允许多样性存在，但却掩盖了种族中心主义的规则、价值观和利益”。[66]

这展现了霍米·巴巴的困境之一。卡特林·米切尔（Katharyne Mitchell）通过指出巴巴处理第三空间概念的方法中存在的若干问题，有效解决了这一困境。她批评了所谓“混杂性的狂欢”，指出这个概念往往忽视了日常实践的重要性。[67]同米切尔一样，我相信巴巴关于第三空间的论证需要更多地基于常规实践才能有意义。因此，人们可以将17世纪的蒙巴萨（Mombasa）或19世纪晚期的伊兹密尔（Izmir）视为“第三空间”的例子。作为这个概念被发明之前的多元文化城市，它们体现了不可通约的亚文化建构的空间调和。然而，它们的混杂更像是群体之间基本互动的一种境遇——这些群体的实际权力地位不同，但又必须共存。如米切尔所言，“如果没有上下文，这个‘中间’的空间有可能变成一个流动的反动空间，而非一处抵抗的移动场所。”[68]

一种特定文化与其以国家形式所占据的稳定地域之间的联系，今天正受到族裔、遗产和全球化等视野的挑战。与此同时，另一个同样重要的挑战是，边界地带（borderlands）正成为全球性相遇的典型场所。这些边界地带不再只是简单占据地理边缘，它们不再被视为位于固定场地（国家、社会、文化）之间的地理静态地点。它们现在是“流离的和去领土化的缝隙地带，塑造了混杂化主体的身份认同”。[69]因此，米切尔对不列颠哥伦比亚省温哥华的香港华人移民的研究表明，移居海外的资本家如何成功地将他们的形象转换为跨国的、跨文化的世界主义者和“华裔人士”。这样一来，他们既将自己定位在中国和加拿大的民族边缘地带，又将自己置身于“环太平洋地区利润丰厚的商业中心”。[70]这在边界上、边界之间以及中心内部都是一个灵活的位置。

阿里夫·迪利克（Arif Dirlik）延续了这一思路，并表达了对提出“边界地带”概念以对抗固定身份的后殖民主义学者的赞同。在他看来，“边界地带不是指向自由区，而是指向那些对自由解放带来新挑战的地区；这些地区最多只能作为出发点，而不是目的地。”迪利克并未意识到他对当地的肯定所带来的问题——例如，借宣扬本地“纯粹性”之名，反动地复兴旧的压迫形式。但他公正地将这种地方主义斥为“浪漫的怀旧”和“对一种新的霸权式民族主义的向往”。[71]乌尔夫·汉纳兹（UIf Hannerz）从另一个角度考察了本地和全球之间的关系。他观察到，现在比以往任何时候都更难把世界视为“由坚硬而边界清晰的碎片拼接而成的文化马赛克”。[72]相反，他认为，国家和大陆之间的文化流动可能会导致另一种文化多样性，这种文化多样性“更多基于相互联系，而非自治”。[73]

事实上，混杂性不是一个新概念，它不应等同于全球化的主导力量，而全球化早在21世纪初就基本取代了殖民化。正如扬·皮耶特斯（Jan Pieterse）所言，如果一个人承认“文化一直都是混杂的，那么混杂过程实际上就是一种无谓重复”。[74]然而，尽管混杂性一直存在，但政府和文化精英才刚刚认识到，混杂化是一种“政治性和规范性的话语”。[75]斯图尔特·霍尔是对身份认同及离散的论述最有力的贡献者之一，在他对加勒比海地区的讨论中，他对三种“在场”（presences）进行了有趣的描写：非洲的在场，欧洲的在场，美洲的在场。[76]根据霍尔的说法，“非洲的在场”是被压抑的场所，“受被奴役的经历所影响而显得悄无声息”。“欧洲的在场”意味着排外、强制和征用，其通过引入权力话语，打破了加勒比海地区关于“差异”的天真论述。最后，“美洲的在场”与其说是权力，不如说是关于土地、地点和领土。“现在占据这些岛屿的人——黑人、棕色人种、白人、非洲人、欧洲人、西班牙人、法国人、东印度人、中国人、葡萄牙人、犹太人和荷兰人——没有一个最初‘属于’那里。”[77]

我们需要推翻这样一种假设，即认为混杂环境只能够承载或激励多元主义倾向或多元文化实践。混杂族裔的人群并不总是会创造混杂的场所；混杂的场所也不一定是混杂族裔的栖居地。在21世纪值得期待的是这样一类场所和人群：那些场所蕴藏着发展和变革潜力，那些人们能够适应和接纳他者性作为自我身份认同的合法形式——即便还粘连着所有传承下来的后殖民结构，以及新自由主义和全球化的霸权力量。

殖民主义最终在其自身的重压下崩溃，然而它对于殖民地人民、国家和他们的建成环境的深刻塑造已经不可逆转。从这种经验中诞生的新的独立民族国家，必然需要时间构建自己的身份，调度新的公民权利，并建立新的城市形式。随着时间的推移，这些城市形式将更具意义地呈现其新的现实。

（梁宇舒　译）

第六章
传统、民族国家与建成环境

任何关于传统及建成环境的讨论，都需要先研究这一特定族群的身份认同与其所生产之场所的形式及文化之间的关联。家族、族裔、宗教、语言和历史，都被视为构成身份认同的要素，经由一个通常称之为“传统”的过程传承下来。[1]传统是建立在价值约束基础上的，在一个提供了无限选择的技术世界里，城市生活中的传统与现代的冲突愈发无可避免。但是，把传统之物说成是好的而把现代之物说成是坏的，或者反之，都是幼稚的。许多研究表明，传统—现代的辩证法存在很大问题。同样，如东方—西方、全球北方—全球南方、第一世界—第三世界、核心—边缘、发达国家—发展中国家等二分法，亦皆人为构建的结果。相反，在这里我要提出一种考虑到“文化”的话语构成的方法，它认为社会是相互联系的，它们是通过意识形态和特定情境中的话语的叙述来生产、呈现和感知的。[2]

建筑的建造历来是民族国家建构的重要方面。建筑有助于增强民族意识，在殖民和后殖民时期都发挥了相应作用。第三世界的被殖民社会与第一世界的殖民社会之间的历史关系，或可分为四个阶段来看，每一个阶段都对塑造身份和营造环境产生了影响。

第一阶段为前工业乡土时期，当时两个世界之间的交流甚为有限或还根本不存在。在这个阶段，建筑环境直接反映了本地居民的文化和实践。

第二阶段是殖民时期，殖民者最初忽视了本地居民及其建造实践的需求，但后来对他们产生了些许同情。在这一时期，殖民者对城市形态做出了重要且不可逆转的决定，尤其是在法律法规领域，被殖民城市的建成环境开始变得越来越像殖民者的城市。

第三阶段与第三世界的民族国家崛起有关。这些国家以后殖民时期的民族主义为依托，发起独立运动，成功地从殖民列强的统治下脱离出来。但在这一时期，继承自殖民者的制度和法规通常会持续影响当地环境，导致和过去一样的统治象征和境遇永久性地存在。

第四阶段是新国家建立之后，特征是这些国家皆真诚或肤浅地试图借鉴或回溯（真实的或想象中的）传统。该阶段是大部分第三世界国家的现状，各个社会都试图抓住民族认同，但他们面临一个两难境地，即究竟历史中的哪些部分应该加以利用。某些国家试图回溯至前殖民时期，假装殖民阶段根本不存在。然而事实是，一个国家无法完全回到过去，即便那是个理想状况。殖民遗产也是建立民族认同的重要纽带，无法视而不见。

民族认同的问题

殖民国家总是不知不觉地建立起一种可理解性装置（apparatuses of intelligibility），这种装置却在后来为民族主义运动所用，以颠覆殖民者建立的国家。也就是说，民族主义运动正是利用殖民统治的工具和制度来主张对领土和历史的自治和主权。因此，尽管民族主义者可能借鉴前殖民时期的历史，但民族主义却缘起于它和殖民者的遭遇。

民族认同（national identity）很难定义，因为正如路易斯·施耐德（Louis Snyder）所解释的那样，“民族性（nationality）一词，可以取其具体的客观或外部意义（民族语言、领土、国家、文明和历史），也可取其抽象意义（主观的、内部的或理想的）。”[3]民族、种族、宗教、历史、传统和领土，这些一直是建构民族认同的基本但不平等的因素。

“民族（Nation）”这个词来自拉丁语“nation”，词根为“natus”，意为“我出生”。[4]民族主义（nationalism），今天通常被理解为对民族的忠诚和承诺，可追溯至法国大革命时期。但其实是到20世纪初期，这样的爱国主义意涵才演变为现代意义上的民族主义。[5]博伊德·谢弗（Boyd Shafer）将民族主义定义为：

> 一种将一群人团结起来的情感，这些人有着真实的或想象的共同历史经历，共享着在未来作为一个独立群体共同生活的愿望。这一团结人心的情感表现在——无论政府是谁，都忠诚于自己的民族国家；无论了解多少，都热爱原生的土地；无论是否理解，都为共同的文化、经济和社会制度而骄傲；偏爱同胞而相应地忽视其他民族的成员；不仅关切民族安全，还热衷于它的荣耀和扩张事业。[6]

然而，谢弗也意识到，这个定义简化了民族主义背后的故事。民族主义是复杂的、多维度的、不断变化的。“简洁的公式不适于这种本身尚在形成过程中的情感。”[7]

就本书目的而言，或许历史学家汉斯·科恩（Hans Kohn）提出的二分法最为实用。这种二分法（就像谢弗所解释的那样）将民族主义作为历史传统、社会和智识因素、政治气候的产物。科恩写道，“民族群体（nationalities），是在民族主义让过去几个世纪所塑造的陈旧形式焕然重生之时，从人种和政治因素中创生。”[8]故而在科恩看来，西方和非西方世界的民族主义历史大不相同。西方世界的民族主义基本是一项政治议题，目的是创造能为政治和社会秩序带来根本变化的新社会。而在非西方世界，科恩认为并不存在本地原生的动机；相反，是与强势的殖民文化遭遇的过程催生了民族主义运动。[9]

> 组成民族的政治单元理应是同质化的单元，他们拥有共同的历史、文化和传统，大多数人皆属于同一人种、种族及宗教信仰。然而事实往往事与愿违，因为在“一战”和“二战”期间涌现的民族国家——这些国家如今构成第二和第三世界的主体——大多是在国际协议框架下组成的，而这些协议却极少考虑到本地居民的意愿。

正如彼得·苏格尔（Peter Sugar）所指出的那样，民族和国家并不是同义词，国家的建立（state-building）与民族的建构（nation-building）也不一定会同步发生。实际上，在过去四五十年间，国家的建立通常领先于民族的建构。因此苏格尔基于民族和民族意识存在与否、以及国家人口的接受度等因素，对“旧的”“新的”和“潜在的”国家进行了区分。[10]

当被殖民社会中的人们开始反叛殖民世界的秩序，他们在建立主权的道路上得以调用的概念语言却非常少。通常，他们不得不使用现存秩序的语汇，也就牵扯着它所有的物质现实和意识形态框架的包袱。在非洲、亚洲和中东地区，居住在由殖民者所限定的区域内的族群（拥有不同的宗教、语言、民族和传统）除了共享一段被殖民历史外别无共同点，却不得不绑定在一起，以实现那个全新的、“更加先进的”独立阶段。为了实现“自由”这个高贵的目标，新政体大多强化仅存的共性，而压抑彼此的差异。因此，大多数民族主义运动背后的推动力，都包含一种以短浅的政治利益及斗争的意识形态为基础的民族认同。[11]

我已在多个场合提出过，现代民族认同不能仅仅基于某个前殖民时期的神话。尽管如此，由于本地身份所受的殖民压迫，很多独立运动皆诉诸某个想象的过去——围绕着这个过去，民族认同或能联结成为一个对抗统治的慰藉。这便是后殖民时期争取民族认同的斗争的本质：它涉及一个从特征认同、事件认同到要素认同的过程，这构成了认同的基础，它本质上是一场为了寻求意义的挣扎。然而，到殖民之前的经历中找寻意义的尝试注定会铩羽而归。如格温多琳·怀特（Gwendolyn Wright）所言，“过去，不能仅仅意味着回到欧洲人到来之前的黄金时代，回到现代工业化进程之前，因为这些因素都已不可逆转地改变了我们。在所谓的第三世界，对过去的尊重必须包含对殖民阶段的接受。”[12]

实际上，考虑到历史遗产的不同片层，我们不得不调用混杂性的概念来理解后殖民时期的身份认同。民族认同的问题就像一张失踪婴儿的照片：我们知道在某时某地确实产下一名“婴儿”（民族认同），但我们没有照片，因此不知道这名“婴儿”究竟是什么模样。我们同样没有“婴儿”长大后的照片，也便无法将它置入当下的世界。但我们又分明知晓这名“婴儿”的存在。那么我们要如何捕捉它、象征它、再现它？在这个问题上，城市形态或许是个鉴别“婴儿”照片的好办法。[13]

施耐德曾提出，民族认同是一种与一系列事件相关联的社会建构。每个民族的历史中都存在某些断点，这些断点往往也是身份认同发生改变之时。置身其中的人们并不一定会警觉地注意到这些变化，也可能没有足够多的方式来表达。[14]然而，他们已经向我们展现，认同问题在国家层面是一个永恒的危机，因为总有一些事件（无论是挫败还是胜利）会导致它为了政治的权宜之计而被搁置或封存于某个时间点。如果我们承认民族认同具有时间维度——因此也受到时间的限制，那么我们也应该认可，民族认同是持续演变的，只能在某个特定的时间点来描摹。实际上，正如斯图尔特·霍尔所解释的，身份认同从来不是完好无缺的。“身份认同是由多种话语共同构筑的，它的构筑总是逾越在他者的沉默之上，总是通过模糊和欲望来书写。”[15]相应地，传统的建成形式也只会在某个历史时间点的特定人群眼中象征着民族身份，却不一定会对整个国家或民族起作用。

传统和民族建构工程

国家独立和民族主义的时代并不一定会改变发展中世界的建成环境，也不一定能解决这些社会的传统聚落中困扰已久的矛盾。在殖民主义时代，有一些重要而不可逆转的决定影响了建成环境的生产。例如在中东阿拉伯世界，新的建造方式中的退线要求（基于西方准则）导致传统合院住宅逐渐消失。相反，新的建造方式通常选择单调重复的单户家庭住宅形式，这并不适应当地气候。然而，由于文化复杂性（cultural complexities）的主导作用，本地居民往往偏好现代住宅，尽管他们也会采取十分怪异的改造方式（例如通过占用街道的建造方式来保护私有财产）。在一些注重隐私的社会，有些人树立起高达12米的独立墙体，来屏蔽来自邻居的目光。在有些国家，高效的建造体系仅仅因其不适应于现代性观念而遭到遗弃。由此，城市的传统结构完全走向失衡。

现代性的美好前景伴随早期的民族主义和国家独立而来，成为大部分发展中国家政府的一个执念。因此，西方的城市发展模式成为当地人参考的标准，尤其是对于那些在国家独立之后涌现、于发展中国家政府工作的城市中产阶层。这在那些致力于为大众建造住宅的国家显得尤为明显。

尽管发达国家的社会住宅项目遭遇失败，但现代主义的国际影响仍然强烈，西方的社会住宅模型也不经质疑地在发展中国家不断复制。然而，不少发展中国家的政府将社会住宅项目作为民族建构的工具，以此收买新市民阶层的忠诚。因此，尽管在美国像普鲁伊特-伊戈（Pruitt-Igoe）公寓[①]这样的社会住宅项目遭到拆除，英国的社会住宅资产也被出售，但在发展中国家的城市郊区，依然有大量的住宅项目在拔地而起。

这些行动带来的后果迥异。在有些地方，社会住宅正被人们重新占用。埃及是个不错的例子。在贾迈勒·阿卜杜-纳赛尔（Gamal Abdel Nasser）所领导的社会主义和民族主义政府统治下，全国各地建造了数千栋社会住宅楼（图6.1）。当这些项目开始遭遇日常维护和灵活性缺乏等

图6.1 开罗郊区的一个典型的社会住宅项目

① 译者注：普鲁伊特-伊戈公寓是位于美国密苏里州圣路易市的一个政府主导的社会住宅街区，建于20世纪50年代，出自美国建筑师山崎实的设计。住区建成几年后很快因贫困、犯罪和种族冲突而陷入衰败，政府到了70年代不得不选择对其进行爆破拆除。这一事件引发了建筑圈的震动，查尔斯·詹克斯（Charles Jencks）称之为“现代建筑的死亡之时”。

常见问题，很多居民开始自力更生，加建房间以容纳不断扩大的家庭。当然，政府的常规反应就是派出推土机来移除这些公共资产中的违规行为。然而，居民往往棋先一招。其中一种策略就是在推土机前进的道路上树立起一座清真寺，他们料到政府不敢为了拆除私搭乱建而破坏清真寺。因此，随着非正式加建的持续，原来的住宅楼逐渐被融入一个愈发私有化的、非正规的肌理之中。这个例子也说明，发展中国家的居民愈发趋向于诉诸宗教力量来达成目的。和民族及种族一样，宗教无论在发达国家还是发展中国家，都是一种强有力的凝结社区认同的形式。它也经常引发一类只能被称之为传统的实践。

政府眼中的民族认同与它希望展现的形象息息相关。在社会学家伊曼努尔・沃勒斯坦（Immanuel Wallerstein）看来，国家通过对政策和资源的垄断，逐渐创造出一种民族文化，即便它一开始并没有这种文化。[16]然而，民族认同能够被设计吗？民族认同可以被外国的代理者设计吗？这些问题一直困扰着新兴独立国家的政客，这些国家试图通过发明传统来建构国家公民的想象共同体。就建成环境而言，为这些政客工作的建筑师和规划师也面临着同样的问题。

针对这个关键议题，劳伦斯・维尔（Lawrence Vale）观察到，后殖民地的社会经常呈现出“跨文化统治”（intercultural dominance）的固定模式，这类社会面临的两难境地是，如何借助建筑和城市规划工具来化解这种持续的殖民统治。他认为这一问题集中反映在，政治和文化因素如何不可避免地影响那些新近独立的后殖民地政府的国家议会大厦的建设。尽管这些设计时常试图表达民族身份和国家统一，但他同样指出，这类建筑“总是密切关联着某些政治因素，后者持续加强了跨文化统治和服从的既有范式。”[17]这类建筑形式中政治因素如此重要的原因有几个方面。首先，新近独立国家的现实对单一民族认同的存在乃至形成产生了负面影响。这些国家的社会往往由多个民族、多种文化和传统构成，也不一定具有任何现存的“民族”符号。因此，选择任何特定符号都是武断的，仅取决于政府精英的个人喜好。其次，政府眼中的民族身份显然与它希望在国际舞台上展现的形象或“愿景”密切相关。“换言之，”维尔解释道，“所谓对民族身份的追求，实际上只是次民族的（sub-national）、个人的、超民族的（supranational）身份追寻的产物。”[18]

维尔采用斯里兰卡、科威特等国家的例子来说明，传统建筑如何为政治诉求所服务（图6.2）。他说，建筑师在这类情境下往往被要求清晰表达执政者眼中的民族身份，但这往往不能反映真正的现实。因此，维尔承认我们的确可以“设计”民族身份，但这一过程困难重重，且并不能确保成功。[19]

建筑形式与民族认同的关联在讨论新的“纪念性”建筑时变得尤为重要。全球南方不少新建的建筑形象工程都寄希望于明星建筑师，寻求通过建筑形式来在某种程度上阐释国家身份。约恩·伍重（Jørn

图6.2　约恩·伍重设计的科威特国家议会大厦

Utzon）、路易·康（Louis Khan）等建筑师经常接受这类设计委托，他们所设计的建筑最终也成为这些国家的象征，只不过建筑本身却与之毫无关联（图6.3）。关于这样一种模糊性，维尔写道：

> 你或许会问，金字塔是从何时开始成为一种代表埃及的形式？就像吉萨金字塔或是埃菲尔铁塔一样，达喀议会大厦或许也会在某一天成为这个国家的象征。[20]

随着人类构筑物的具象化，这些符号制造者和形象缔造者的作品也必然会逐步合法化。正如保罗·利科①（Paul Ricoeur）所指出的，他们的任务应该是努力“区分‘物化’（objectification）——将价值积极地转化为话语、实践和制度——和‘异化’（alienation）——对价值的歪曲以及

图6.3 路易·康设计的孟加拉国家议会大厦

①译者注：保罗·利科（1913—2005），法国哲学家，诠释现象学的主要开拓者，延续胡塞尔、伽达默尔的传统全面论述了诠释学的现象学方法论基础。

对话语、实践和制度的具象化。”[21]

历史上的统治者作为个体，经常深刻地重塑建成环境。个人化的阐释以及对“他者”文化的选择性发现，都成了殖民社会或后殖民社会的文化交流常态。那么问题是，个体（包括统治者和建筑师）在脱离自身社会经济及职业背景的情况下，究竟还能在何种程度上真正地有效操作？这些掌控权力的个体或群体是否背负着相应的道德责任，来决定这个国家需要建造什么，他们又应该对谁负责？要分析这些问题，我们不得不先确定，建筑所象征的是谁，抑或是什么——也就是所谓的身份——而它所调用的又是谁的传统。

全球化和后民族国家的传统

21世纪初，那些曾在20世纪70年代席卷全球的革命性发展终于走向完满。例如资本的跨国化、劳工的国际化、全球贸易和交流的稳步提升、在城市间随之发生的激烈竞争等趋势，都督促着个体、交易、产业和政府不断增强全球化程度。[22]进而，在这个由无数对自我民族和种族根源愈发明晰的民族社会所组成的紧密世界中，个体或集体自我的身份鉴别变得愈发复杂。[23]任何“全球化”理论都必须考虑到“全球”这个概念的建立所依托的特定文化背景及不平等境遇。[24]因此，只有先认识到传统文化的历史特定性，以及这些文化经历的殖民阶段及后来崛起为民族国家的过程，我们才有可能理解全球化。

刚刚摆脱殖民的社会正赶上这样一个时代，对于民族认同的追寻及建构变得至关重要。既然已获得独立，独立过程的艰难斗争也基本尘埃落定，那么如何实现国家和社区和谐的问题便开始浮出水面。大部分得以解决这一问题的地方，都是依靠着宗教或政治原教旨主义的兴起。要想理解这些作用力对城市主义的影响，我们必须密切关注民族认同的界定过程所面临的困难。民族身份的要素——种族、语言、宗教、历史、领土和传统——一直以来都是其形成过程中必不可少、也并不平等的构成因素。

在“二战”后作为国家而建立的政治个体，本应是具有共同文化的同质化整体。然而，现实往往事与愿违，因为这些民族国家大多是在国际协议主导下拼凑而成，而这些协议很少会考虑真正聚居在这片土地上的人们的意愿。实际上，20世纪80年代末90年代初在苏联、南斯拉夫等地发生的事件恰恰佐证了，第三世界的后殖民社会乃至第一、第二世界的部分社会，都更愿意依靠宗教、民族根源或种族这些因素来定义集体身份。

苏格尔指出，民族主义一直生发于（也确实得益于）一些旧有的“天然（natural）”忠诚度，例如地方主义、爱国主义、共同传统、共有文化，以及互通的语言。在他看来，当今世界中发明的民族主义不再有效，人们要么完全或部分地诉诸“天然”忠诚度，要么也会拒绝用民族国家“赋予的”（acquired）身份来取代“天然的”身份。[25]现代化不一定如大多数人所认为的那样会导致种族认同的丧失，一些研究表明，现代化实际上造就了强化种族认同的压力，而且“现代的（modern）”与“种族的（ethnic）”是可以共存的。[26]

后殖民主义作为一种诘问工具

后殖民主义（postcolonialism）作为一个理论性和分析性的语境，可以涵盖很多不同的视角：基于历史的殖民话语批判；人类学对其自身的殖民合谋的批判性修正；对流散（diaspora）形成的分析；对被殖民人群的文化生产的研究等。[27]对于后殖民主义的一个更好定义，是作为一套历史的、离散的构成，它调解着殖民主义影响下建立的权力的观念性、社会性和物质性结构。[28]

珍·M. 雅各布斯（Jane M. Jacobs）在其著作《帝国的边缘》（*Edge of the Empire*）中提出，后殖民时期的“自我”（self）和“他者”（other）分类持续向原殖民地的主体暗示着帝国主义的态度。雅各布斯追溯了英帝国主义在后殖民时期的发展轨迹，揭示了这种权力政治如何持续借助空间并在空间中彰显自我，从而在当代英国和澳大利亚的城市空间激发相应的斗争。她指出，这些场所的当代殖民及后殖民身份的形成由几个基本部分组成：包括场所的物质性、欲望的想象、领土的文化政治。[29]

雅各布斯将殖民主义和后殖民主义理论应用于城市空间研究，由此引入了“真实空间”（real space）的概念，以描述殖民主义和后殖民主义的地理境况。在她看来，认同与差异的政治——在殖民时期形成，并受一系列后殖民因素的影响而妥协重塑——不仅在特定语境下得以“实践”，而且通过“真实”空间得到激活。[30]在这一概念中，雅各布斯所暗示的并不是一个受外力塑造的抽象空间，也不是一个脱离社会关系的物质空间，而恰恰相反。实际上，她所提出的空间从属于“一种由权力和意义构筑的不断变化的社会形态”，在这里，物质和意识形态是互构（co-constitutive）的（这一观点延续了多琳·玛西的论述）。这样的互动纠缠过程生产出一种混杂的聚居地理，其中“自我”与“他者”、此地和彼地、过去和当下持续地相互勾连。[31]

雅各布斯的论述过程建立在对四个案例地的细致解读之上。其中两个案例位于伦敦的帝国中心地带：伦敦市（City of London）以及斯皮塔佛德（Spitalfields）；另两个案例则位于曾经人们眼中的大英帝国边陲——澳大利亚的珀斯（Perth）和布里斯班（Brisbane）。根据雅各布斯的论述，这四个地点共同经历了英帝国主义的浸染，她试图通过这些案例来建立比较研究的基础[32]。尤其是，雅各布斯“谈及场所之外”，也调用了后殖民语境下“中间空间（in-between-space）”等相关概念，提出后殖民的协商隐隐指向一种既不位于“中心”、也不算是“他者”的“空间”；相反，这类空间蕴含着某种孤独的、冗余的混杂状态。这样的“空间”就是在殖民主义和后殖民主义政治中生产的。[33]

斯皮塔佛德是雅各布斯分析的第一个案例地。20世纪80年代，它是伦敦最困苦的区域中最可怜的一块沉疴。同时，该地区又面临着可能是全英国最严峻的住房压力。这里还是一个孟加拉移民聚居点。不过，孟加拉人只是迁入斯皮塔佛德较近期的一个移民族群——此前的移民还有法国胡格诺派①教徒、爱尔兰人、波兰人、俄国犹太人等。然而，从20世纪70年代末开始，斯皮塔佛德借助遗产保护活动而经历了士绅化进程。历史建筑信托基金（Historic Buildings Trust）看到了当地那些曾由法国丝织工人占据的乔治王时期（Georgian）住宅的价值，并发起一个项目以“拯救”这些住宅。历史建筑信托基金大举收购私人住宅、进行修复工作，然后卖给高收入买家。然而，这也重创了当地原本依托于孟加拉移民的服装制造业，因为这些孟加拉工人原本就寄居在租金便宜的乔治王时期住宅中。到了80年代，士绅化进程随着斯皮塔佛德发展集团（Spitalfields Development Group）的成立而加速，该集团计划拆迁当地的水果和蔬菜市场，开发为办公综合体及零售中心。这一开发计划遭到当地和全国文物保护势力的反对，当地工党还发起了一场“从开发商手中拯救斯皮塔佛德”的运动。这场运动自然要建构自己的一套理想化语

---

①译者注：胡格诺派（Huguenot），十六七世纪法国基督教的一支信奉加尔文主义的教派，也被称作“法国新教”。在天主教主导的法国备受迫害，随着17世纪末路易十四宣布新教非法，有大约20万胡格诺派大举外迁至北美、英国、普鲁士等接纳新教的国家。

言，于是孟加拉社区便被吸纳到这个包容一切的“本地”（indigenous）话语之中，成为了这个地区的“天生”（natural）居民。但是，孟加拉社区并不像左派人士所描绘的那样团结一致。有些孟加拉裔商人建立了一个公私合股集团，试图将砖巷区（Brick Lane）整体重新开发为“孟加拉小镇”（Banglatown）。他们的提案转而遭到左派人士的批判，后者认为他们试图将斯皮塔佛德变成“孟加拉国的一部分”。[34]

由帝国解体和随之而来的移民所导致的身份认同的协商和扰动过程，在当代斯皮塔佛德清晰可见。在这一语境下，我们有必要关注城市空间中的斗争如何讲述着“原生”（original）居民和“外来者”、“外国人”之间的对抗。这个地点展现了像伦敦这样一座被贴上“全球性”标签的第一世界城市，如何成为一个在其领域内同时容纳着第三世界的离散地城市。在此意义上，斯图尔特·霍尔曾辩驳道，我们无法在不考虑其全球性/殖民地纽带的前提下，理解“英国性”（Englishness）或是像伦敦这类城市的“场所内核”。[35]因此，斯皮塔佛德这样的城市场所——就如雅各布斯所指出的那样——展现了帝国主义所生发的关于权力和特权的国际规则如何影响着当代社会。

雅各布斯总结道，殖民主义和后殖民主义的本质要求我们的思考方式不得不打断地方—全球的二元对立，转而在某个具体场所讨论二者“共存”（cohabit）的微观政治。[36]地方性是一股活跃的、建构性的力量，在社会阶层及其之间的不均等权力关系的形成过程中发挥着作用。当她进而论及国家，这就不仅仅是一个针对全球化的辩驳，也不是一场试图返璞归真的撤离。

> 帝国主义——无论采取何种形式——都是一个全球性的过程，它的作用跨越地区和国家；然而即便是在它最蛮不讲理的劫掠形式

下，它也必然要扎根于当地。帝国主义意识形态和实践的内嵌性（embeddedness）不仅是个社会性或文化性议题，它在本质上也是关于场所的。[37]

全球化时代的文化、传统与城市主义

对于那些有兴趣研究全球化时代的文化与城市主义的人来说，还有一些值得学习的经验。[38]首先，如果有人相信还存在着一个世界性文化（world culture），那么它应该是一个展现出有序的多样性的形式，而不是一个统一却单调的复制品。世界性文化在本质上也是主导族群的文化，其中所混杂的多样地方性文化通常也只是全球化本身的产物。这意味着，看起来丰富的地方性因素可能仅仅反映着处于主导地位的特定族群的自我表征，而并非将全球南方的任何特定城市真正融入了全球体系。

如果我们承认，民族身份是与历时性事件相关的一种社会建构，那么可以说，与之相随的城市主义只能代表在某个特定时间点、从某个个体或一组个体眼中所看到的民族身份。我们必须认识到，所有曾正式遭遇过殖民化的人民，其生命中都会面临这样一个时间点，他们必须停止对殖民历史的认知，开始将当地的遗产纳为己用。[39]那么他们何时会抵达这个历史节点？从什么时候开始，英国殖民者的建筑形式（如殖民者住宅）成了美国东部的乡土遗产？又是从何时开始，拉丁美洲诸多地区的殖民聚居形式成了造访这些国家的旅行者眼中的传统建筑？又是从何时开始，莫卧儿建筑风格成了“印度”风格，以至于被英国人假借用于其在印度建造的殖民地建筑？又是从何时开始，墨西哥的西班牙殖民时期建筑成了“墨西哥”的乡土遗产？

民族身份的问题在大规模的全球经济交往下变得愈发复杂化。如今，这些民族和国家不得不在前殖民时期和殖民时期的遗产之间、在传统与现代之间斡旋调解，还必须妥善处置全球化和新世界秩序带来的影响。这里所指的“全球化”是这样一个过程，即世界正融为单一的经济体，其特征是在一个基本由资本主义统摄的世界体系中发生的信息交换、环环相扣的生产和流通模式、劳动力和资本的全球流动。这里很适合引用现代性研究者安东尼·吉登斯（Anthony Giddens）的观点，即全球化引入了全球相互依赖的新形式，“在这里，世界再一次消除了‘他者’”。[40]然而，由于资本主义的繁荣是建立在差异之上，那么这样一种经济普世主义放在由民族国家个体构筑的全球范围中，只会引发进一步的文化割裂。由此，文化和传统便成了一种全球权威性的范式，以解释为何差异性成了一种安置“他者”的手段。[41]

实际上，前殖民地流向前宗主国的数量庞大的移民以及少数族裔亚文化对主流西方社会的渗透早已不容忽视。实际上，这一现象经常成为社会冲突的诱因，因为这些本地亚文化不得不时常求助于民族、种族或宗教的效忠，以避免自己为主流文化所吞没。在当下美国正进行着的多元文化主义以及性别政治的斗争，便很好印证了一种试图接纳差异性作为民族身份的根本组成要素的尝试。而讽刺的是，随着前宗主国的民族身份经历着显著改变——往往是变得更为包容，前殖民地的民族身份却在往相反方向发展——时常变得更排外，更直接地与民族血统或宗教信仰相联系。实际上，21世纪已见证了这样一批国家的回归，在那里，从属于同一种特定的宗教或民族已成为公民身份的先决条件。[42]

民族身份是一个始终处在演化和流变之中的过程。尽管全球化那时常自相矛盾的力量正竭力破坏着传统的忠诚度和价值观，挑战着旧有的思想观念和行动实践，但要寻求一个单一的“世界性文化”却依然遥不可及。[43]

这些文化冲突彰显着，意义可能会在网络空间中轻易丧失，而我们有必要谨慎地剖析，以理解单一世界体系对城市的影响。此外，对于文化，每个人心目中可能都同时存在着两种相互冲突的情感。第一种情感是由于害怕改变而诉诸文化和传统——而这种改变究其自身而言却可能无法避免。然而，针对未知的保护主义（protectionism）却可能演变为原教旨主义（fundamentalism）。第二种情感是对这种神秘“他者”文化的兴趣，这源自一种迥异的感受：即渴望拥有与“他者”融合的选择，并共享一种更贤明的，或差异化的集体意识。当下在国境之间发生的数量惊人的人口迁徙以及封闭的少数族裔的崛起，印证着这两种情感不仅都是合情合理的，也不一定就是互相冲突的。它们甚至可以同时发生，或者，取决于特定的时间和地点。

此外，我们还可以认知到一种世界文化和空间之间的关系，这种关系是由地方及民族社区之间不断强化的内在联系所塑造的。这里适合引用社会理论家曼纽尔·卡斯特（Manuel Castells）的观点，他指出，“相对于场所空间（space of places），流空间（space of flows）正在崛起”。这些空间中的机构由一种信息流联系起来，这种信息流的逻辑几乎不受任何特定地方社会控制，但其影响却可能波及所有这些地方社会的生活。[44]这对于城市生活的影响是，文化体验可能不再仅仅基于场所，而更加依托于信息。有人会提出，身份认同不能是无场所性的，文化也不可能被信息流所吞没。当然，某些类别的身份认同依然会是基于场所的。然而，在当下这个为科技所疯狂的信息时代，“虚拟现实”所塑造的体验更甚于真实场所。[45]我们必须认识到这样的变化对于21世纪城市生活的影响。

最后，尽管学术界普遍关注全球化，但世界的历史却也彰显着一个朝向文化差异化而非同质化发展的趋势。如此，每个个体都可以从属于多种文化，每个人都可以有多重文化身份。在这个意义上，身份认同处于不断的建构和持续的演化之中。如果说我们接受混杂性作为民族认同的内在组成要素，那么它所塑造的城市生活也只能被视为社会生活的某个特定过渡阶段的反映。实际上，全球化已导致城市化过程中的身份、传统及其再现议题的失灵，并质疑了这些议题对于诸多国家人民及文化的表征能力。无论如何，随着文化正变得愈发跨民族化（transnational），传统也被从其始源地剥离出来，那么今天所谓的传统聚落很可能会变成一片竞技场——在那里，未来的地方—全球斗争将会上演，也可能会得到解决。

（黄华青 译）

第七章
传统、旅游和政治的相遇

20世纪至21世纪初的今天，无疑是旅行和旅游业的黄金时代。事实上，在过去二十年里，世界上彼此不同的人们之间的邂逅变得空前频繁。随着旅游业发展到前所未有的水平，在一年内到某国或某市旅游的人数常常超过这些地方的常住居民人数。全球旅行促进了旅游业的现象级增长。[1]

在20世纪70年代末，每年只有不到万分之一的世界人口进行国际旅行。[2]但到了20世纪末，这一比例增长了一百倍。随着21世纪的到来，来自各个阶层、各个国家的人们正漫游在世界的每个角落。这的确是一个全球范围内的航行时代。与此同时，世界各地的旅游目的地都卷入了愈演愈烈的旅游业竞争中。[3]

在世界上的许多地方，特别是对那些处于全球信息经济边缘的国家来说，旅游发展似乎是他们在全球化时代得以生存的唯一希望。在这种趋势下，在全球高度资本主义的单调循环中，在标准化的产品和服务越来越多地在世界范围内销售的今天，对建成环境如何提供独特文化体验方面的需求也越来越高了。许多民族和社区诉诸遗产的保护、传统的发明以及历史的重写，作为自我定义的形式。然而，随着文化遗产景点为世界上一些最贫穷（还有最富有）的社区提供了创收机会，大规模的旅游业也时常激起地方和国际上的热情，引发人们谴责其对传统场所和历史遗迹的不可逆转的破坏。在20世纪的最后几年，旅游业已经被称为“不可阻挡的破坏力，擦除了地方的以及独特的一切”。[4]

在我的早期论述中，我曾试图理解全球化对建成环境的影响，以及在消费和全球流动不断增长的情况下传统的角色转变。[5]在当今新的全球秩序下，我也尝试从旅游业这一视角，窥视和质疑许多关于遗产和传统的假设，试图理解在全球经济日益趋向图像消费的趋势下，建筑环境是如何被包装和销售的。

对遗产和传统的忧虑，或许也可被看作所谓第一世界和第三世界之间不平等关系的产物。要理解这一点，必须将遗产话语置于其恰切的历史语境中重新架构。在上一章，我将殖民社会和后殖民社会中身份认同的演变过程划分为三个阶段。相同的阶段划分同样适用于讨论过去两个世纪以来，对于遗产和传统的相关态度的转变。[6]首先是殖民时期，人们对本地原住民及其习俗实践感兴趣，但与其保持一种遥远的距离。第二阶段，伴随着独立斗争取得胜利，新的国家将遗产保护作为抵抗现代性同质化威力的一种形式。最后，这些曾被正式殖民过的人们进入全球化的第三阶段，不得不在日益紧缩的全球经济中竞争一席之地，他们需要最大限度地开发其自然资源和乡土建成遗产以吸引国际投资者。旅游业的发展因此得到加强，也催生了不少社区，这些社区几乎整体性地为“他者”的喜好服务，甚至全年都有“他者”居住其中。新的规则似乎是，遗产的直接制造与传统的积极消费在建成环境中相伴而生。

在审视第一世界和第三世界的遗产话语时，人们可能会注意到，两个世界在探索“他者”的遗产和文化方面或许拥有相同的意愿，但他们做此事的动机却完全不同。这些差异或可归因于早期的殖民主义、政治民族主义和经济依赖性之间的关系。今天，由于这些历史和经济力量的影响，第三世界国家常常希望仿效第一世界的“进步”并采纳其发展实践——但只在不颠覆其本土文化的前提下。这显然是一种想要鱼与熊掌兼得的情况。

因此，正如本杰明·巴伯（Benjamin Barber）在他命名贴切的著作——《“圣战”和麦当劳世界》中指出的，这些民族想要面纱，但他们同样想要万维网和可口可乐。[7]相反，蒂莫西·米切尔（Timothy Mitchell）却认为“圣战”与麦当劳世界的发展并不对立——麦当劳世界就像一场“麦当劳圣战”（McJihad），是各种社会逻辑和力量的必要结合。[8]故而，第三世界国家发展出了许多源于第一世界实践的地方化挪用。与此同时，第一世界似乎对于消费第三世界社会的文化和环境更感兴趣。第一世界国家通常是第三世界建成环境保护的主要倡导者和赞助者，将其建成环境作为他们所定义的“普世”遗产的一部分——即使那些国家的“本地人”（natives）或许并不承认其历史价值。

这一关系的更深层因素是，许多第一世界国家对其前殖民地抱有一丝内疚和责任感；第一世界有时也试图维持或帮助保护欠发达民族和地区濒临灭绝或消失的生活方式和传统。然而，许多第一世界的组织、基金会和政府在介入这方面努力的同时，尽管他们声称要保护其社会的传统，却也谴责和拒绝了前殖民地的许多社会和政治实践——尤其当这些实践与西方的人权和性别平等标准相左时，例如在许多伊斯兰国家。（上述悖论不胜枚举的实例之一，是让穿着传统服饰的妇女来表演服饰的传统职能，以此维持游客想要观赏的意愿。）这依然是关于身份、文化和形式的议题。

现代性和相遇：阶级、种族和民族

有人或许认为，“相遇”（encounter）这一概念首次大规模出现是在18世纪至19世纪的殖民主义时期，并伴随着“他者性”（otherness）一词的发明。在此情况下，相遇往往表现为帝国和本地社群之间的种族和族群冲突。与此同时，在欧洲帝国内部也发生了一场不同形式的相遇。随着现代性的兴起、封建城墙的倒塌和新街道的开辟，这种相遇也发生在中产阶级和穷人等不同社会阶层之间。现代旅游业同样是一种相遇，但它所体现的主要是不同文化和传统下的人之间的相遇。

诗人波德莱尔是最早捕捉到这种现代相遇的人之一。在他的诗歌《穷人的眼睛》以及文集《巴黎的欢愉》中，他描述了奥斯曼大改造后巴黎的一个场景：一位男士与他的情人坐在一家新开的咖啡馆里，咖啡馆四周全是玻璃窗户、晃眼的镜子和瓦斯灯。当这位男士注意到一个贫穷家庭的父亲和两个孩子正凝视着他们时，他的眼神似乎在说：“多美啊！多美啊！整个贫穷世界的金色似乎都倾倒在这些玻璃墙上！”但这个小男孩的眼神却在回答：“多美啊！多美啊！但只有和我们不一样的人才能走进这座房子。”在这首诗中，男人所表现出的是一种对于现代性所塑造之世界的愧疚感，但他的爱人仅带着一种与“他者”的分离感。她对这种凝视的回应是：“我无法忍受那些人眼睁睁地盯着我看……你不能叫领班把他们赶走吗？”[9]

凝视（gaze）是相遇的基础。社会学家乔治·齐美尔（George Simmel）在他的文章《都市与精神生活》中，以波德莱尔的比喻“凝视的闲逛者（the gazing flaneur）”作为出发点，描述了工业资本主义对城市居民个体的心理影响。“闲逛者”是指一类在城市中闲逛却不参与任何活动的中产阶级白人男性。他们通过这种观察行为消费着这座城市。在此情况下，一种超然感出现了，它是对现代城市夸张的感官体验特征的回应。齐美尔同样指出了城市中过度的感官刺激，现代人别无选择，只能采取一种“厌倦的态度”——一种缺乏关心或同理心的态度。在齐美尔的模型里，人的反馈是由智识与推算、而非直觉和感觉所决定的。当地城市居民受到智识的驱动，同时需要采取一种厌倦态度以保护自身，他们变得对“真诚的个体性”无动于衷，因为它很难从经济学层面予以解释。在大城市中，个体性与差异性只在其适用于市场经济策略时才会被采纳。[10]

现代旅游的起源之一是“壮游”（Grand Tour），这种旅行通常只存在于欧洲上流社会，通常是年轻男性前往参观和体验古希腊和古罗马世界的文化遗产。随着这一传统的盛行，开始出现标准化的旅行路线。到了18世纪，这条探索旅行路线又增加了埃及、印度这样的国家。进而在19世纪，随着伦敦水晶宫举办的第一个世界博览会的出现，人们不必进行“壮游”就可在城市中心体验整个世界。它创造了这样一个历史性时刻——殖民者和被殖民者、富人和穷人、本地人和外国人可以同时被放在一座宏伟壮观的建筑物中展出。水晶宫始建于1851年。它由成千上万的小型预制部件组装而成，结构由铁质格状框架和整齐划一的玻璃板构成，它被誉为现代建造工程的一大壮举。[11]值得一提的是，在水晶宫举办的这次事件被称作“世界各国工业产品博览会”。艾伯特亲王（Prince Albert）向英国公众介绍说，在这里“可以轻而易举地用上来自世界各地的产品”。[12]这正是世界博览会的精神——展示世界——以及更重要的是，如蒂莫西·米切尔所言，把世界想象为一场大型展览。该工程集中体现了“西方的奇特性质，是一个人们不断被试图展现（represent）的世界现实所逼迫而充当观众的地方”。[13]

托尼·班尼特（Tony Bennett）认为，像水晶宫这样的展览建筑综合体是对现代社会中秩序问题的回应。这是一种试图把上述问题转变为文化问题的回应——一个赢得人心，同时规训身体的问题。班尼特的观点根植于福柯对杰里米·边沁（Jeremy Bentham）的圆形监狱

（Panopticon）的讨论；但他转而提出，展览机构“介入了物体和身体从封闭、私人的领域转移至逐渐开放、公共的领域的过程，在那里……它们形成了在整个社会中撰写和传播（一种不同类型的）权力信息的媒介。[14]因此，凝视的“室内化”产生了自我监督的原则——也就是自我规训。的确，如格雷姆·戴维森（Graeme Davison）所说：“水晶宫通过将大众目光集中在一堆迷人的商品上，反转了圆形监狱原理。”圆形监狱的设计是为了让每个人都能被看到；水晶宫的设计则是为了让每个人都能看到。[15]

继奥斯曼男爵在巴黎开辟出崭新的林荫大道之后，水晶宫的建造作为一个单一事件备受瞩目，它让我们得以诘问“游客”和“旅行”之间的现代关联性。

旅游业、凝视和建成环境

在《旅游者：休闲阶层新论》（*The Tourist: A New Theory of the Leisure Class*）一书中，迪恩·马康纳（Dean MacCannell）指出，旅游业如人们所知，主要是现代性扩张的结果。另一方面，他将游客定义为真实的人和观光者，以中产阶级为主。然而，他也以“游客”作为描述“现代人”境况的模型，一个“被疏离的、但仍在疏离中寻求主观性”的人（正如他在这本书新版中所补充的）。[16]在此背景下，他认为旅游业是对现代主义发展的一种抵抗，是试图打破这种疏离感的一种失败尝试——因为它终究成功确认了这种疏离感。根据马康纳的说法，现代人试图从其他文化、其他历史时期，从那些被认为更单纯、更简单的生活方式中寻求现实和原真。通过这种行为，他们同时重申了与其自身生活的疏离。[17]

在西方社会，视觉一直被视为最高贵的感官，是人与环境之间最具鉴别力、最可靠的媒介。[18] 与此同时，在关于旅行的诸多论述中，视觉常常遭受诋毁。[19] 约翰·尤瑞（John Urry）和乔纳斯·拉尔森（Jonas Larsen）由此区分了“凝视”的概念和“观看”的行为。据其判断，凝视不仅仅是看，它还包括了渗入、评估、比较以及在符号与其所指之间建立心理关联的认知工作。因此，凝视是一种具身化的社会实践，涉及视觉之外的感官。[20] 在分析凝视的概念时，他们旨在强调“各种凝视行为的系统的、正规化的本质，每一种凝视都取决于社会话语和实践……这样的凝视暗示了凝视者和被凝视物皆处在一个持续的、系统化的社会和实体关系的集合之中”。[21]

尤瑞和拉尔森列举了不同语境所塑造的几种凝视行为。这些语境包括：教育，例如18世纪欧洲的壮游计划和其他游学项目；健康，正如旨在使个人恢复健康体能的旅游项目那样，通常会到访某些疗养胜地，如瑞士阿尔卑斯山区或新西兰罗塔鲁瓦（Rotarua）；团建，如日本和中国台湾的旅游业那样；休闲和娱乐，就像在费用全包的加勒比海度假胜地，通常面向年龄18至30岁的青年；遗产和记忆，随着本地历史、博物馆和节日的发展而兴起；民族，正如苏格兰作为一个独立品牌，正变得日益自治且有利可图。[22]

抛开凝视的话语，尤瑞和拉尔森还讨论了第二种凝视的类型，即强调凝视者与凝视对象的关系——他们称之为浪漫凝视。在这类情况下，游客希望能独享凝视对象，或是仅同“重要的其他人”一起。一个例子是，许多参观印度泰姬陵的游客，并不希望照片的背景中出现任何其他人——除了自己所爱之人。此外，这种浪漫凝视还可能涉及许多可供独自沉思的对象：荒芜的海滩、空旷的山顶、无人居住的森林、未受污染的山谷溪流，等等。这种浪漫凝视的概念也被源源不断地用于旅游景点的营销和广告中，尤其在“西方”社会。相比之下，集体性的游客凝视也能带来欢愉。大批游客的出现表明自己来到了正确的地方。这些川流不息的、互相观看的人群是这些地方的集体消费的必要前提，正如同在巴塞罗那、伊比萨岛、拉斯维加斯、北京奥运会、香港，等等。[23]

还有更多游客凝视的例子。在那些地方，只有当人们静止或是运动时，场所才能被恰当地消费。它们因所涉及的社会价值、耗时的长短以及视觉欣赏的特点而各不相同。首先，有一种运动式凝视，它几乎只收集路过时短暂看到的不同标志。举个例子，从旅游巴士车窗、邮轮或渡船上看到的跑马灯式的美景集合，可以让游客在很短时间内了解一个地方。其次，还有一类虔诚的凝视，用以描述这样一种情形，如穆斯林通过驻足仔细阅读或注视清真寺、陵墓和古兰经文，来实现对泰姬陵这类神圣场所的精神消费。[24]再次，人类学的凝视则描述了学者如何在历史意义和象征层面，对各种各样的风景或地点进行阐释性地审视和定位。基于上述反思，观察者就可能进而选出“碳足迹”最小的地点，通过各种媒介向志同道合的环保人士推荐。[25]然后是媒体化的凝视。这是一种只有特定的地点被看到的集体性凝视，因其“媒体化”性质而闻名。这就是所谓“电影诱导型旅游”的背后原因。通过这种方式，人们凝视一个场景时，能够重温并再现电影中的元素或方面。比如洛杉矶的圣莫尼卡和威尼斯海滩，它们成为景点是因为很多好莱坞电影曾在此取景。最后，还有家庭的凝视。迈克尔·哈尔德鲁普（Michael Haldrup）和乔纳斯·拉尔森由此指出，旅游摄影家是如何致力于在享有盛名的视觉环境中拍摄家庭照片的。[26]

尤其值得一提的是，在人类学家纳尔逊·格雷本（Nelson Graburn）的研究中，关于凝视的政治出现了非常不同的转变。他的文章《学习消费：什么是遗产，它什么时候是传统的？》（*Learning to Consume: What is Heritage and When is it Traditional?*），通过在自然和生物学中发现的相关隐喻，提供了对遗产和消费的社会心理学分析。他指出，这种分析类似于一种福柯式的谱系学，尽管他承认这不是一个有意为之的谱系。相反，他把遗产和传统的历史进程看作是一种“个体发生”（ontogeny），或是从出生到死亡的进化过程，而不是“种系发生”（philogeny）。生物学术语在格雷本的文章中贯穿始终，用以帮助我们理解遗产传承过程中的一些同源观念和词汇。首先，家族遗产和民族文化遗产即使不是完全相同的词，也有相似的词根。格雷本使用的另一个隐喻是亲属关系，并指出这使他创造了“过去和现在、联姻和血统、继承和占有的关系模型”。 该模型提供了时间、对象和传输之间的关键节点。在这里，他指出“血缘关系的隐喻使用，既是一种民间的，也是文化结构中其他流派的分析模型”。[27]因此，借助世袭（通过血统和出生权力）和婚姻（通过两者结合）传递的非物质和物质体构成了一种“象征性身份”。重要的是，亲属隐喻可以扩大到不仅代表一个家庭，而且可以代表一个国家划定的空间，这里居住着决定其历史的可视部分及其叙事的公民家庭。

> 仅仅一个可见的历史建筑环境的存在，并不足以决定其被视为当地居民的遗产。相反，遗产和传统作为术语，其特定的文化、历史范畴和意义才是最重要的。[28]

格雷本因此提出了一种“发展的、儿童视角的路径”，来理解“对环境的多感官捕捉，而非一种狭隘的认知层面的、范畴化的、视觉上的凝视”。[29]然而，未被承认的是，儿童视角的凝视法本身就是一个认知范畴。凝视只能通过后见之明、借助距离来重建。不过，格雷本关注的是那些将个体社会化的中介，关注他们如何关联、认知并宣称某些特定的遗产形式。他还用距离和接近程度来分类，提出了一种审视遗产的三分范式——过近、可及和过远。[30]

在以前的研究中，我曾提出凝视并非在所有地方都相同，它的空间维度会随着地点的不同而变化。事实上，游客探索建筑环境并参与其中的过程，是一个值得专门去辨别认知的过程。我将其称为“参与式凝视（engazement）”，这个词的目的是为捕捉这样一个过程，即凝视如何“将建成环境的物质现实转化为一个文化想象的产物”。[31]当人们以游客的身份在城市里观景，这一概念过程会被不断凝练。而参观世界文化遗产地的人们所从事的凝视，往往与当地的历史无关。由此，旅游不是关于体验历史或他者性，而只是提供了一种由已经去过当地的人们所生产的文化想象。凝视总会被认知所污染。在旅游团的模式下，它又变成了一种集体行动。在这种情况下，一群原本毫不相关并且不从属于一个团体的人们共同卷入同一个凝视行为中。很少会有一人独自旅行的游客。如果说存在一种原初的凝视，它只可能源自于极度的自发性、无意识性，或是根本的、遥远的无知。

在上述讨论的背景下，我们可以区分出当今全球化境遇下生产的四种物质环境类型——这一全球化过程正试图将它们变成能够代表他者文化传统的场所。这四类环境包括：复制传统场景的梦幻型景观；从他处复制历史场景的娱乐城市主义；逾越其合法性的原真历史之外的遗产型场所；发掘文化遗产并将其常规化为日常景观的乡愁型场所。[32]我将在本章的剩余部分逐一阐释这四种环境类型。

复制传统场景的梦幻型景观

上文提到的第一种全球化环境使用了历史概念来创造“绿野仙踪”似的场所，在那里，某个特定文化中的所有冲突都得到了缓解，文化元素皆被还原到其最基本的表征形式。在此般愿景中，某个文化的一切符号，如建筑风格、建筑类型和空间形制，都成为了它们所应代表的文化。这里的真实感是通过对图像和体验的操纵来实现的。最典型的例子就是美国的迪士尼乐园和它的许多变体。

迪士尼乐园的主街道唤起了人们对典型美国小镇的乡愁（图7.1）。这条街的设计灵感主要来自两个小镇：密苏里州的马瑟琳（Marceline）和科罗拉多州的科林斯堡（Fort Collins）。马瑟琳是华特·迪士尼（Walt Disney）童年时期的家乡，科林斯堡则是迪士尼乐园第一位导演哈珀·高夫（Harper Goff）的出生地。迪士尼主街的许多建筑风格都直接援引自科林斯堡，而迪士尼的市政厅则是科林斯堡法院大楼的四分之三比例复制品。[33]

图7.1 迪士尼乐园主街

迪士尼乐园借助剧场和舞台的理念来运作。它的员工被称为“剧组成员”，尽管他们在地下服务通道里可以穿休闲服，但在公园里必须穿着干净整洁的戏服。员工们的工作事实上就是一场娱乐园区游客的剧场表演。这一事实在其语言描述中就很明显。比如，迪士尼将消费者称作“客人”，将员工称作“剧组成员”，将一线员工称作“主人”，将公共区域称作“舞台”，将禁入区称作“后台”，将制服称作“戏服”，等等。[34]“微笑的员工”必须时刻意识到自己是游客凝视的对象，微笑或是说广义上更积极的肢体语言占据了主导地位，它展现了游客凝视的力量如何强大到得以编排服务行为。此外，迪士尼的员工被要求总是使用“友好的语言”与顾客互相寒暄，并展示出得体的行为。[35]

迈克尔·索尔金（Michael Sorkin）的经典随笔《迪士尼乐园见》（*See You in Disneyland*）强调了迪士尼乐园如何在20世纪末成为一个“范式空间”（paradigmatic space）。他更宏观的论点是，主题公园本身是一个“休闲的乌托邦”（utopia of leisure），是一个场所营造（place-making）的临时场地。但他也追溯了这个主题公园是如何从一种特定的乌托邦血统（花园城市和世界博览会）的杂交中产生的。资本主义、殖民主义和展览会——所有这些都预示着像迪士尼乐园这样的空间的出现。在这里，“错位（dislocation）即是中心”，这样的空间是更广义的运动和“实用乌托邦主义开花结果”[36]的一部分。正如索尔金所指出的，迪士尼乐园是过去市集和展览会形式的继承者，沿袭了它们的矛盾和潜能——既成为“现代城市中物质关系的范式”，又成为能够采纳“远景城市主义”的典范。有了这些起源，迪士尼乐园便能通过呈现“熟悉或陌生地域的乌托邦”[37]来保持它的吸引力。然而，乌托邦在本质上是矛盾的，因为它既是非场所（non-places），又是理想场所（ideal places）——这类空间是真实的，但需要高强度的，有时在美学、道德和行为规范方面极为严格的调控。因此索尔金认为，迪士尼乐园真正的创新“不是来自规则的幻想，而是来自它在场所营造中的省略”。[38] 他还指出，规则是如此浸透于其环境之中，以至于它仿佛根本就不存在。其效果是由一种微妙的、看似无形的规则造成的：一方面，使其成为一个以企业权力为后盾的当代圆形监狱（Panopticon）；而另一方面，迪士尼乐园的成功也表明，那些游客已经同意付钱来在这样的空间中接受规训和教化。

在对超真实的预想中，迪士尼乐园代表了一个模仿和反空间（anti-space）（“新的、反地理的空间”）的典范——对无序的城市现实的一种反应，更是一个被建构起来模拟城市环境的场所。在确定迪士尼乐园的城市性质时，索尔金提出了两个矛盾却坚决的主张。首先，迪士尼乐园“根本不是城市的”，因为“迪士尼唤起的是一种无须生产城市的城市主义”。其次，在援引赫伯特·马尔库塞（Herbert Marcuse）的乌托邦概念作为“在社会历史层面对现存事实的决绝否定”之时，迪士尼乐园提供了“一种电子时代的城市主义模型”，在那里，地点的坐标一直在变化。[39] 正如我们看到的迪士尼乐园这类场所在世界范围内的巨大吸引力，制造全球文化产品的过程已经发展了足够长的时间，消费者的偏好和行为也已呈现出一定程度的趋同。[40] 显然，这类场所证明了，即便某些遗产是超出现实的，历史的包装依然可以热销。

像迪士尼乐园这样的主题公园既然是城市景观，通常也就具有其他政治含义。20世纪50年代，前苏联总理尼基塔·赫鲁晓夫（Nikita Khrushchev）访问美国时，曾要求参观迪士尼乐园，因为当时那里被认为是最具美国特色的地方。然而，该公司总裁华特·迪士尼（Walt Disney）怀有强烈的反共情绪，拒绝让他进入。在这里，个人权力被用以阻止政治人物进入一个被认为是美国传统精髓的地方。

从他处复制历史场景的娱乐城市主义

如今为游客消费而产生的第二种（建成）环境试图开发文化遗产，然而其声称的历史其实并不存在。在这样的场所中，文化符号与其所指之间的联系可能出现显而易见的松动。很简单，为了满足生产者制造文化遗产以及游客消费文化遗产的欲望，双方可能会直接同意抛弃任何装腔作势的伪装或现实约束。当然，此处最好的例子就是拉斯维加斯大道（Las Vegas strip），那里装饰精美的主题式赌场建筑群甚至都不屑于假装正宗。因此，虽然真正的威尼斯总督府并不直接坐落于圣马可广场，但这样的修改在这座历史政治建筑的复制品中可以轻易实现。同样，作为历史上一度唯一横跨大运河的里亚尔托桥，如今出现在拉斯维加斯并用以连接两个赌场大厅。真正的叹息桥之所以得名，是因为它是威尼斯囚犯执行死刑的必经之路，而拉斯维加斯的这座桥可能只能听到赌客输钱时的“叹息”。因此，不像某些真实的城市那样出于政治目的制造遗产，也不像某些出于经济目的而允许他人消费其传统的民族或国家，拉斯维加斯可谓是消费“他者”遗产的终极场所（图7.2）。

乔凡娜•弗兰奇（Giovanna Franci）拓展了这一讨论语境，她指出了拉斯维加斯在教育和范式层面的贡献。具体来说，她认为这是“后现代世界的第一奇观”。[41] 她写道，如果巴黎是代表着19世纪城市的现代性，那么拉斯维加斯就是21世纪现代性的代表。在这里，奇观的辩证法是跨国界的，是一种通过将原物与复制品的形象并置来划分界限的辩证法。在《拉斯维加斯与后现代壮游》（*Las Vegas and the Postmodern Grand Tour*）一文中，弗兰奇写道：“外国游客在（拉斯维加斯的）意大利景区中发现了那些甚至连意大利人都不知道的难忘地点……这是一个通常只存在于想象之中的意大利，其势不可挡的魅力尽管已逐步流失，但仍能令外国人着迷。”[42] 这一观点暗示了殖民关系，以及西方对管理工作和

图7.2 拉斯维加斯威尼斯人酒店

遗产保护的主张。“意大利”由此被定义为一种借助外国人的凝视而激发、甚至可以说塑造的想象。这一再现提供了另一个世界博览会式的案例，它最初的欧洲表述已被转译到美国，而拉斯维加斯就是复制和再造其现实的实验室。

然而，世界博览会的方法只是拉斯维加斯这一跨国界主题塑造的其中一个要素。这种文化交换虽在本质上是美国的，但却通过复杂的动态过程超越了国界，使拉斯维加斯成为“现代旅行最华丽的标志物”。拉斯维加斯也因此被视为一个旅游打卡点，一个国际朝圣目的地。更重要的是，拉斯维加斯之旅“挑战了旅行作为‘真实’运动的概念，因为——在互联网时代——我们可以在现实时间，去任何地方，而无须离开内华达沙漠：一个‘虚拟壮游’的完美案例”。在将这种壮游延伸到当下的过程中，弗兰奇将拉斯维加斯的赌场（包括恺撒赌场大酒店、百乐宫赌场大酒店、威尼斯人赌场大酒店）与它们的意大利原型（罗马、科莫湖上的百乐宫、威尼斯）并置起来。她总结道：

> 这是一种复制的模式，它根据凝聚或缩小的原理，往往产生比真实更为真实的感受。然而……复制品的处理经历了显著的变形，不仅要参考赌场所有者和建筑师的意图，也融入了公众参观者的使用需求……在度假村主题的酒店赌场中再现的每一处景点都是……创造性的、异想天开的模仿与戏谑的风格杂糅而成的当代建筑设计。其结果是通过复制，矛盾地创造出一个“原作”，或者说，通过复制而获得新的原作。[43]

然而，在贸然将此类项目贬为媚俗之前，人们必须意识到，在拉斯维加斯没有潜在的叙事议题。拉斯维加斯呈现出一种完全人工制造的遗产，其理念是复制各地的传统形式，以供大众消费。在拉斯维加斯，“当地的和‘异域风情的’被从场所和时间中剥离出来，重新包装成一座世界市集。时间和距离不再是与‘他者’文化相遇的中介”。[44]

在以上分析基础上，我希望提出这样一些问题：人们可以通过拉斯维加斯的恺撒宫大酒店来真正体验罗马吗？拉斯维加斯的恺撒宫里存在罗马的哪些特质？另一方面，你在“真实”的罗马体验到什么？罗马真的存在过吗？那么，恺撒宫里发生着怎样的消费行为呢？恺撒宫所消费的只是视觉层面的罗马。文化无法在人造建成环境中被售卖，但在建成遗产中可以。

开发历史和传统的遗产型场所

第三类以旅游为目的开发的建成环境，是拥有正当真实历史的一类遗产场所。这些传统场所可能曾是重要历史事件的发生地，但随着时间的推移已被边缘化。人们试图重塑其先前的模样以便这类环境（也可能是整座城市）复苏，可能出于以下一个或两个主要目的：为了经济利益而吸引游客，和/或充当民族记忆和民族自豪的“储蓄所”，以抵御历史变迁中的颠覆性影响。

巴厘岛是一个很好的例子。第一世界的人们来到这里，看似扮演着第三世界传统守护者的角色，但其实只是为了让第一世界的游客可以欣赏、消费这些传统。在此意义上，巴厘岛遗产的“制造”事实上可追溯至殖民时期，荷兰殖民者在20世纪20年代提出的“巴厘化”政策，旨在根据殖民者的想象力将巴厘岛的“传统”保存为一个原真性的过程。特别是，荷兰人将巴厘岛想象为印度文化在东印度群岛的最后一个前哨，因此必须保护其不受现代化和伊斯兰化的影响。该政策试图控制建筑（包括公共建筑和民居）、艺术和表演、服装（主要是女性）和语言。[45] 还实施了一系列限制开办工业的环境法规。随着时间的推移，当地居民的行为逐渐适应了殖民者（以及后来的游客）的期待。因此，即便当地人被允许“做自己”，他们事实上继续以一种模糊了舞台与后台边界的方式，在表演着那些仍被认定为正宗的文化。[46]尤瑞和拉尔森认为，旅游经济的生产越来越偏向于戏剧化和表演性；事实上，在某些例子中，它可能已接近现实中的戏剧，因为工作人员就是“剧组成员”，他们穿着戏服，接受编制剧本和角色扮演的训练，由此生产出主题性的环境。[47]巴厘岛看起来也如同迪士尼乐园一样，只不过这里有着“真实”的历史和“真实”的本地居民。

印度洋岛国马尔代夫是另一个宣传自己为热带天堂的地方，但现实与其所呈现的图像却并不完全一致。马尔代夫的旅游业发展基于将游客与本地居民隔离开的原则。整个马尔代夫的旅游业都是基于“度假岛”的概念，每个度假胜地各占据一个独立的岛屿，完全自给自足，由跨国公司执掌和管理（图7.3）。因为有大量无人居住的、可开发成度假胜地的岛屿，这种隔离策略被认为是切实可行的。[48]如果游客们想体验当地

图7.3　马尔代夫的某度假岛屿鸟瞰

文化，这些度假胜地可以安排他们参观附近的渔村。但是，所有的游客必须在晚上回到其孤立的世界。除首都马累外，外来者只允许在有人居住的岛屿进行短暂访问，因此按照政府的设计，这就限制了游客对传统穆斯林社区的影响。[49] 例如，伊斯兰法律规定，在主岛和当地人居住的其他岛屿是禁止饮酒的，但在度假胜地，人们却可以畅饮达旦。虽然在马累，大多数女性都佩戴头巾，但马尔代夫女性在度假地工作时却不必戴这种传统头巾。在这一案例中，国家利用其土地资源，通过旅游业获取经济利益，同时在致力于隔离和保护其本地遗产和伊斯兰传统的过程中，创造着该国的双重现实。

殖民地威廉斯堡（Colonial Williamsburg）是这类环境的第三个恰当案例。它是独立战争时期弗吉尼亚州首府的复制品，堪称美国首屈一指的公共历史遗迹。然而，像其他历史博物馆一样，它的合法性取决于它所宣称的“真实”历史，具体体现在现实中的建筑和文物上。但殖民地威廉斯堡长期以来也颇受历史学家的批判，其原因同大多数主题公园一样。例如，埃里克·盖博（Eric Gable）和理查德·汉德勒（Richard Handler）称其仅仅是“一个经过粉饰的、消费者导向的爱国圣地，颂扬一种大体基于弗吉尼亚殖民地精英生活方式的上层田园生活”。[50] 这些批判并没有在不经意中消逝。当地的文化管理者试图让殖民地威廉斯堡保持在历史知识的前沿阵地，一批20世纪70年代受聘的新的历史学家试图在员工队伍层面和国家意识的叙述层面，提升对非裔美国人的重视程度（还有不少其他手段），以此来重塑该景区。然而，这些历史学家的影响终究还是有限的，并不是因为他们在制造可想象的历史方面贡献不足，也不是因为他们不愿为促进遗产消费的类似项目做出贡献。相反，对真实和完整历史的不充分报道主要源自管理人员的担忧，即，除非游客的参观是愉快的，否则他们绝不会再来。[51] 因此，对奴隶制的严酷或早期美国的任何其他缺点的描述，将会造成一定程度的不安，最终可能削弱殖民地威廉斯堡的人气或盈利能力。这里具有深刻讽刺意味的是，虽然游客通常渴望参观“原真”的场所，但他们寻求的原真性主要是视觉层面的（图7.4）。因此，他们与“真实”历史的邂逅仍然取决于距离。尽管他们可能希望看到“他者”的世界，但他们仍尽力缩小后者对自我的影响。

罗马尼亚的锡吉什瓦拉小镇（Sighișoara）是利用遗产开发旅游的另一个好例子。小镇由14世纪的德国工匠和商人建立，他们被称作特兰西瓦尼亚的撒克逊人（Saxons of Transylvania）。后来的几个世纪间，锡吉什瓦拉在中欧的边缘地带扮演着重要的战略和商业角色。多年来，小镇历史中心一直保持着原始的中世纪城市肌理，由狭窄的街道体系和紧密排列的房屋组成。[52] 1999年，锡吉什瓦拉和布兰城堡（Bran Castle）被联

图7.4　殖民地威廉斯堡的历史场景重现，弗吉尼亚州

合国教科文组织列入世界文化遗产名录（图7.5）。然而，尽管该镇具有真实的历史价值，但如今，德古拉吸血鬼的神话才是让它成为一个极受欢迎的旅游目的地的原因。来自英国、德国、法国和美国的旅行社定期组织着罗马尼亚之旅，将布兰城堡宣传为“德古拉城堡”。[53] 锡吉什瓦拉是瓦拉契亚王子、“穿刺公”弗拉德三世（Vlad Tepes the Impaler）的出生地，他正是布拉姆·斯托克（Bram Stoker）小说中“德古拉伯爵”这一角色的灵感来源。然而，直到2001年至2002年间虚构人物德古拉与这个小镇产生关联，人们才开始对这里产生了浓厚兴趣。最终由此推向了一个主题公园的提案（或许我们早就可以预料）。然而，尽管旅游部对“德古拉主题公园”的盈利前景寄予厚望，但当地和国际社会的反对却阻止了该项目的进行（图7.6）。尽管当地部长将该项目视为罗马尼亚的国家宣传战略的一部分，以期弥补落后的形象并推动该国加入欧盟，但罗马尼亚一些团体反对他的计划，称其“向西方社会出卖自己”。[54]

图7.5 特兰西瓦尼亚的布兰城堡，罗马尼亚

图7.6 在锡吉什瓦拉古镇中心售卖的德古拉纪念品，罗马尼亚

受传统启发的乡愁型场所

第四种全球化进程下的建成环境产物，是利用了来自他处的文化遗产及历史的，基于乡愁情绪的环境，并试图使其在日常生活中常态化。在这类场所中，对于历史真实性的任何主张都显然要让位于其产生利润的潜力。在这里，文化的标志与其所指物之间纽带的松动可能是最明显的。这就是那些宣称自己为“新城市主义者”（New Urbanist）的建筑师和规划师（他们最初被称为“新传统主义者”）在美国和其他地方所创造的环境。美国佛罗里达州的滨海城（Seaside）和庆典城（Celebration）也许是这个运动最著名的地标。

20世纪80年代早期，位于佛州潘汉德尔（Panhandle）80英亩（32公顷）土地上建起了滨海城，最初仅由340栋房屋组成。它来自开发商罗伯特·戴维斯（Robert Davis）的构思，由建筑事务所安德烈·杜安尼（Andres Duany）和伊丽莎白·普拉特-泽贝克（Elizabeth Plater-Zyberk）设计，目的是唤醒人们对于“二战”前美国小镇的形式与特征的怀想。[55] 该设计融合了多种功能建筑，围绕中心的公共空间组织为一个街道网络。通过混合住宅、零售和办公空间，建筑师声称人们在这里能够步行上班，由此更好地了解彼此。根据严格的分区/设计规则，即传统社区开发模式（TND），滨海城在房地产领域取得了巨大成功，主要面向富有的度假屋业主。但就像新城市主义的许多其他作品一样，它被认为是虚假的，只不过是兜售怀旧乡愁而已。[56]

庆典城也是根据新城市主义运动的原则设计的。然而，它比滨海城的规模要大得多。事实上，这是一个由库珀·罗伯森（Cooper Robertson）及合伙人集团开发的、投资达25亿美元的项目，由建筑师罗伯特·斯特恩（Robert A.M. Stern）设计，由迪士尼集团管理和资助，包含8,000套住宅单元。这个美好愿景的核心是它的市中心，那里有许多高档餐厅和商店。像迪士尼乐园的主街道一样，这里主要的商业通廊、市场型商业街均以一个人工湖为终点。除此之外，整个市中心被规划为一处展示美国最著名建筑师作品的地方，包括西萨·佩里（Cesar Pelli）设计的影剧院，罗伯特·文丘里（Robert Venturi）设计的银行，迈克尔·格雷夫斯（Michael Graves）设计的邮局，菲利普·约翰逊（Philip Johnson）设计的市政厅，查尔斯·摩尔（Charles Moore）设计的游客中心，等等（图7.7）。与此同时，构成城镇其余部分的住宅和托管公寓，是古典主义风格、殖民风格、法国风、沿海风、地中海风和维多利亚式等多种立面风格和现代平面图的混合体。它们的外观以及所有其他为公共区域带来视觉影响的内容，都受到严格的设计规则控制。[57]

滨海城和庆典城均因其排他性的审美和社会多样性的缺乏而受到批评。但或许最严厉的批评是针对其特定形式的物质决定论，最典型的代表是，相信“社区”可通过简单地复制历史城市形态来创造。这一观点

图7.7　庆典城市中心，佛罗里达州

在以滨海城为布景的电影《楚门的世界》（*The Truman Show*）中被隐晦地表达出来。电影抓住了一个虚伪社会中的窥探癖主题，主角“楚门”（意为真实的人），是一档讲述日常生活的电视真人秀节目中的一名不知情表演者。他的生活完全在演播厅中展开，而演播厅正采取了一个传统美国小镇的布景。

对新城市主义的一种讽刺式的解读是，像庆典城和滨海城这样的地方只是位于郊区的开发项目，却被赋予一个有趣的营销手段——建筑遗产。而更为严厉的批判，则是质疑他们将设计和政策的控制权从地方政府和市民手中，转移到了大公司及其雇佣的设计专业人员手中。因此，庆典城的市政厅从一开始就是迪士尼集团所私有的。同样合情合理的，是迪士尼高管自豪地将这座建筑描述为一站式服务商店，是私营部门效率的极致体现。除了城镇的设计规则，人们无须再去关注这种从“市民”到“经理”的控制权转移的社会影响。这其中体现了很高效的社会控制，但却很少通过美国其他地区常见的民主程序来执行。

第四种建成环境的另一个例子，是马萨诸塞州波士顿北部小镇塞勒姆（Salem）。其历史意义源于它是北美最早的大港口之一。1938年，国家公园管理局创建了“塞勒姆国家海洋历史遗址地”，以保护塞勒姆的历史海滨区和相关的历史遗址。[58] 在此情况下，一段选定的历史奠定了一套新的文化想象。然而，碍于经济衰退的影响，这座城市同时选择了推销其历史的另一个独特部分来寻求新的机会。尽管塞勒姆在历史上曾是重要的海上贸易中心，但它同样作为1692年声名狼藉的“女巫审判”的所在地而闻名。在那次审判中，当地居民将几名被指控为女巫的妇女活活烧死。塞勒姆的旅游业利用这些历史事件，每年吸引数百万游客，其中多数在10月万圣节期间来访。在这座城市中，游客能够找到专门讲述女巫故事的博物馆，并通常都聚集在市中心（图7.8）。此外，当地居民

图7.8　萨勒姆女巫博物馆，马萨诸塞州

还要花一个月的时间来庆祝一个叫“塞勒姆闹鬼事件”的活动。[59]

作为旅游业发展策略的一部分，2005年，塞勒姆市被授予女演员伊丽莎白·蒙哥马利（Elizabeth Montgomery）的铜像。蒙哥马利在1960年的热门情景喜剧《家有仙妻》（*Bewitched*）中扮演女巫萨曼莎·斯蒂芬斯（Samantha Stephens）（图7.9）。一些官方人士希望这座雕像能够吸引游客。雕像由有线电视的尼克国际儿童频道（Nickelodeon）出资建造，刻画的场景是蒙哥马利侧坐在一把扫帚上，映衬着一轮新月，裙摆在身后飘动。[60] 但这一艺术装置也引发了公众关于哪些遗产值得被宣传、应怎样宣传的意见分歧。同时，对巫术历史的持续投资和关注也催生出新一代的可消费传统。在过去几十年里，一个由可以操控巫术的当代“女巫”组成的强大群体以及其他地心说宗教团体已在塞勒姆取得了

图7.9　演员伊丽莎白·蒙哥马利饰演的萨曼莎女巫铜像

统治性地位，创造出新的场所、人群及其实践的景观。[61] 塞勒姆的案例提醒我们，即使某个场所与某个历史事件之间存在着合理联系，但对那段历史的想象和模拟再现才是当代真正的参照系。因此，是虚构出来的萨曼莎・斯蒂芬斯，而非具有历史意义的“女巫审判”，成为了塞勒姆真正的故事。

耶路撒冷的犹太教主题旅游也提供了一个有趣的案例，在那里，外来的传统消费者和当地真正的遗产制造者之间的界限变得模糊。在耶路撒冷，旅游业带来的经济利益是显而易见的，这一点在为外国游客建造的豪华公寓体现得最为明显。事实上，无论是以色列文化还是巴勒斯坦文化，到访耶路撒冷的犹太教游客通常不以寻求体验“他者”文化为目的。相反，他们到此是为了寻找心目中的一个古老宗教场所，体验精神和宗教层面的归属感和认同感。就这点而言，纳克拉沃（Nachlaot）社区是一个重要的旅游目的地。它是在19世纪末由慈善家摩西・蒙蒂菲奥里爵士（Sir Moses Montefiore）为旧城的德系犹太人（Ashkenazi）和西班牙系犹太人（Sephardi）宗教社群建造的——后者是这里的第一批居民，后来又有来自欧洲和奥斯曼帝国的移民陆续迁入。这个街区由鳞次栉比的小屋和狭窄蜿蜒的小巷组成，类似一个“正宗的”中东村庄，这使得它在寻求怀旧体验的游客中颇受欢迎。然而，这个街区其实并不古老。它在20世纪下半叶开始大范围衰败，似乎在70年代被来访的美国犹太人重新发现。随后几十年间，该地区经历了大规模的士绅化进程，成为一个房地产的黄金地段，在周边的耶路撒冷新城区中提供着一种“古老的”（如果不是发明的）氛围。[62]

这就是全球化和旅游时代的传统所面临的困境。由于遗产型旅游对国家和民族经济的重要性，保护遗产不仅有利于经济活力的维系，而且对于巩固一个国家、地区和城市在全球竞争中的地位变得非常重要。正

如凯文·罗宾斯（Kevin Robins）所言，

> 全球化使得文化以迥异的、矛盾的、往往相互冲突的方式相遇。它关乎文化的“去领土化”（de-territorialization），但也涉及文化的“再领土化”（re-territorialization）。它不仅关乎不断提升的文化流动性，也关乎新涌现的文化锚固性。[63]

因此，尽管今天人们有这样一种感觉，即跨国界的文化碰撞可以创造新的、有生产力的文化融合和杂交，并培养全球公民，但我们也必须认识到，恢复或重建历史遗迹同样可能进一步加剧社会动荡和分裂。事实上，这种全球公民的新现象所潜藏的巨大威胁是对公共领域的侵蚀。

（梁宇舒 译）

第八章

超真与仿真：传统建成环境中的奇观

前面关于旅游的章节，我分析了建成环境如何在资本主义的生产和消费模式下模拟历史和传统，现在我要开始考察这些真实/非真实场所的哲学及心理学背景。为此，我们必须深入讨论两个重要概念——“超真”（hyperreality）与“仿真”（simulation），将会涉及翁贝托·埃柯（Umberto Eco）、让·鲍德里亚（Jean Baudrilard）、吉尔·德勒兹（Gilles Deleuze）和菲利克斯·瓜塔里（Felix Guattari）等学者的论述。居伊·德波（Guy Debord）的作品也很关键，因为他作为始作俑者之一，开始讨论现代视觉境况（包括影像及其延伸的仿真环境）以及它如何在基于空间消费的社会体验新模式中扮演重要作用。

美国一直吸引着欧洲学者的兴趣，后者将美国视为终极的超真环境。然而，他们的论述并非毫无纰漏。本章回顾了这些学者的理论，同时引入美国之外的案例，在21世纪背景下重新探讨“仿真”和“超真”。本章也将继续讨论前面在旅游与传统的话题中曾提到的某些建成环境，如迪士尼公园与拉斯维加斯，但将有不同的理论导向。

论超真与拟象

意大利符号学家翁贝托·埃柯在其著作《超真实旅行》（*Travels in*

Hyperreality）中，讨论了“超真”的概念。这一概念建立在美国式冗余的奢侈之上，“当美国式妄想激发对实物的诉求，为了获得它，就需要制造出一个彻底的假象”。[1]在埃柯看来，美国经常用这种彻底的假象来替代传统与现代的二元对立。埃柯并不太关注原真性与传统的话题，但借助这个关系，他在思考一个平均的美国式想象与品位的常量——为此，过去必须以全副的真实复制品得到保存和赞赏。在埃柯看来，这样一种“品位”（taste）结构应该与像纽约这样的高度现代化地区的现实及美学区分开来。他认为这一结构影响、或者说污染着日常形式，由此进入到公共流通之中。

> 实际上存在着一种疯狂超真实的美国，这不是波普艺术、米老鼠或好莱坞影片中的美国。而是一个更加私密的美国（或者说，她虽然也是公开的，但却遭到欧洲旅行者及美国知识届的冷落）；她在一定程度上创造了一个参考系和影响因子交织的网络，最终让高级文化及娱乐产业的产品得以推广。她需要被发现。[2]

作为一名来自欧洲的访客及知识分子，埃柯探索至在他看来极其低俗的事物之后，得以论述美国和超真——也就是它并蓄客体关系及本体身份的能力。他进而揭示了“真实伪造”（real fake）的说教性质：在那里，“复制品的复制就是完美的”；在那里，一种基于“超真哲学”的社会体制“导引着重构”；在那里，“信息的暴力”变得如梦如幻。他认定，像米开朗琪罗的《大卫》的“忠实复制品”或是某种宫廷生活的“真实仿造”是如此具有说服力，以至于在美国，对于原作的需求已变得毫无意义。[3]

埃柯还写道，美国式超真的深层结构是一种对过量（excess）的盲目崇拜。他将这种美国式超真归因于美洲大陆的巨大尺度，例如像洛杉矶和新奥尔良之间这样的遥远距离，使得他们不仅需要在空间或时间上模仿“他者”，还需要在其自己的土地上自我模仿（例如，佛罗里达的迪士尼乐园就是安纳海姆的迪士尼乐园的复制品）。他还指出，“对于物质丰盈的渴望——不仅见于百万富翁，也同样刺激着中产阶级游客——似乎成了美国人行为方式的标志”。这种价值观在美国西部尤为凸显，在那里，“财富没有历史”，只受“强烈的悔恨”所操控。因而在美国，复制品的人为性（artificiality）可以达到“人为城市”的尺度，而时间的人为性则在其与历史的斗争中显而易见。“当然，这种与历史的赤手肉搏尽管很可悲，但却无法自圆其说，因为历史是无法效仿的。历史需要创造，而在建筑上更加优越的美国已经证明，创造历史是有可能的。”对“彻底伪造”（absolute fake）的追求几乎可见于任何地方——尽管这个“任何地方”局限于某些特定场所和城市。相反，欧洲则代表了“真实性的圣堂”，这支撑着美国对伪造品的追求——尽管美国人在创造伪造品时就坚信，它能够盖过其原作的光芒。[4]

根据埃柯的理论，“超真”包括对艺术、历史和自然的复制，这些物件提供了信仰崇拜的对象，因为“知识只能是偶像化的，而偶像崇拜只能是彻底的。”埃柯同时暗示了，对身份、生命和死亡的质疑支撑着这种伪造产业。它“通过模仿和复制的游戏”，赋予“不朽的谜团以一种真理的表象”，“它进而在自然的存在中实现了神圣的存在——尽管这种自然就像海洋世界一样是‘人为营造’的”。[5]

另一篇关于这一话题的重要论文是法国哲学家让·鲍德里亚的《拟像和仿真》（*Simulacra and Simulations*）。在这篇文章的开头，他引用了《圣经·传道书》中一段献给所罗门的铭文，主要是对人类虚荣生活的反思。这篇文章开创性地诠释了“仿真”的概念：“拟像从来不会遮蔽真实；而是真实隐藏了真实的虚无。仿真就是真实。”[6]

鲍德里亚还引用了同时代作家豪尔赫·路易斯·博尔赫斯（Jorge Luis Borges）的一则关于帝国的地图绘制者的寓言。这些制图者“绘制了一幅如此详尽的地图，它完全覆盖了整个帝国的疆域”；而随着帝国衰落，“这一荒废的抽象物的形而上之美”便是“一种成熟的两面体，它终将与真实之物混为一体”。[7]顺着这则寓言，鲍德里亚写道，如今的抽象物不再来自那一幅地图、两面体、镜子或概念。今天，我们关于疆域（真实）与地图（真实的抽象物）的混淆是如此根深蒂固，以至于它毁掉了我们关于孰先孰后的感知（究竟是疆域先于地图产生，还是反之？）。因此，根据鲍德里亚的论述，仿真的本体不再是某个领域、某个指代性的存在，或是某种实体。相反，它依据其模型所生产的“一种真实”并没有先验的源头或现实；正是从这种超真实、即一种记忆中的真实或事件的残像中，仿真被创造出来。因而，仿真——

> 不再是一个效仿或复制的问题，甚至也不是一种用来替换真实的某些符号的拙劣模仿；它是一种延宕每一个真实步骤的操作，借助其操作的双面性，一种亚稳态的、程式化的、完美的描述性机器，能够提供所有关于真实的符号，并轻而易举地绕过它的一切兴衰变迁。[8]

反实证主义（antipositivism）的概念是理解以上鲍德里亚观点的关键，进而领会他在后文所使用的关于死亡、否定和缺席的修辞。他认为，并不存在需要揭示的真实原则，因为“真实、参考和客观动因皆已不复存在”；而拟像，绝非是不真实的，它“并非用来交换某种真实之物，而是自我的交换，它是一种没有任何参考或情境的永不停歇的循环。”[9]与埃柯一样，鲍德里亚也将死亡作为这一超真体系的一部分，并最终将其视为美国式生活的内在结构。因此，对于身体、青春永驻的迷恋，便是受到了死亡这一概念的驱动，促成了“拟像的永生”。[10]死亡驱动着生存的欲望（拯救自我，拯救世界），并创造出一种欲望的形式，以帮助人们逃避死亡。这一欲望最终呈现为图像及崇拜物件的形式。因此，现代性所诉诸的操作手段，便是建立在对奇观的信仰之上。

> 现代性基于仿真，它与再现（representation）的概念恰恰相反。再现始于符号与真实的对等性原则（即便这种对等是乌托邦的、是一种根本的公理）。相反，仿真来自这一对等性原则的乌托邦，源于对符号价值的彻底否定，源于将符号作为一切参照物的反转和死亡宣判。再现试图通过将仿真诠释为虚假的再现而将其吸纳，而仿真则将整个再现的世界包裹，仿佛它本身就是一个拟像。[11]

换言之，当代世界的我们已从表象的序列走向仿真的序列①。这样一种转换——从符号有所指到符号无所指——构筑了鲍德里亚的反实证主义立场，隐含着对柏拉图和黑格尔式普世主义的彻底否定。然而遗憾的是，鲍德里亚从未全面阐述究竟什么导致了这样一种从表象序列到仿真序列的转换——无论从时间上、空间上、认知上，或是认识论上。

讲到这里，有人可能会产生这样的疑惑：是否认为一切皆为“非真实”（unreal）才是更具逻辑性的？也就是说，是否可能一切都只是某种并不真正存在之物的仿真而已——或是某种“真实”（reality）的仿真，

---

① 译者注：序列（order），鲍德里亚在其拟像理论中提出三个序列时期：第一序列时期是“仿造”（counterfeit），是文艺复兴至工业革命的主导模式；第二序列是“生产”（production），是工业时代的主导模式；第三序列是“仿真”（simulation），是信息时代的主导模式。

但这种“真实”最多只是存在于一种“微缩单元”（miniaturized units）或是关于即将创造的仿真/拟像的模糊记忆之中？鲍德里亚的回答是，这种拟像如今正被商品化并打包销售——正是资本，“滋养了真实及真实的原则”，但资本很快又将这一真实/真实原则清除、作废，其方式是将它变成一种商品，赋予它某种“使用价值”，并将它作为财富象征嵌入生产循环之中。

接下来，我们将转向法国哲学家吉尔·德勒兹和菲利克斯·瓜塔里。他们提供了另一种关于仿真概念的视角。尽管他们的思想从未真正形成一篇独立论文，我们还是能从他们的论著体系中抽取相关的线索。在《柏拉图和拟像》（*Plato and the Simulacrum*）一文中，德勒兹认可了一种与鲍德里亚类似的仿真概念，但他接着陈述，“拟像并不仅仅是个虚假的复制品……它反而质疑了复制这个概念……甚至质疑了复制参照的摹本。”[12]他还对复制品和拟像进行了区分。在他看来，一件复制品，无论它被真实或虚伪地复制多少次，依然受到它是否与摹本之间存在内在的、必要的相似关系而限定。相反，拟像仅仅与这个虚构的摹本之间存在一种外在的、欺骗性的相似关系。因此，拟像的生产及其内部的动态都完全不同于其假想的摹本；它与原作之间的相似性只是表象，一个虚无的幻想。[13]德勒兹和瓜塔里指出，存在两种模式的仿真：一种是现实世界整体就是一个调节至和谐状态的仿真；另一种则是对整个相似与复制系统的逆转。第二种类型是发散性的，但其溢出四散的效应并不受限。因此，与其只选择某些特定对象，它选择包揽一切，并让可能性倍增——不只是人类，而是超人类（human plus）。他们说，这样一种仿真就是所谓的“艺术”。艺术同样创造了某种领域，但这一“领域”（territory）并不真正是“领域性的”（territorial）。[14]

布莱恩·马苏米（Brian Massumi）在其论文《比真更真》（*Realer*

than Real）中发现，鲍德里亚实际上回避了一个问题，即究竟仿真只是替代了某个曾经存在的真实，还是说它就是唯一存在过的真实本身。然而，德勒兹和瓜塔里认为这两种假设在一定程度上都是对的。也就是说，仿真既是生产真实的过程，同时更准确地说，它是一种更高程度的真实。因此，“仿真将真实带到了超出其原则的位置，以至于真实本身能被有效地生产。”[15]

那么，仿真和超真之间有何区别？这两个概念仿佛既是同义的、又是通贯的。当然，霍布斯鲍姆的“发明的传统”与鲍德里亚的“仿真”又有何区别？这两个概念带来类似的启示和困惑。在鲍德里亚看来，超真“遮蔽了幻想，遮蔽了任何从真实到幻想之间的差别，只留下……循环往复的摹本以及差异的模拟生产”。[16]难道说，超真就是一种无心的效应，超脱于真实与幻想的循环，因而成为某种迥异之物？它是否揭示了真实与想象的谎言？为了回答这一问题，鲍德里亚提出：

> 当真实不再如旧，怀旧便成就了意义的全部。这里充斥着关于源头的传说以及真实性的符号；还有二手的事实、客观性和原真性。它扩大了真实的范畴，扩大了生活经验的范畴；它是一则重生的寓言：客体和本质已然消隐。这是一种由恐慌驱动的真实及其参考系的生产，几乎与物质生产的恐慌并行。这就是仿真与我们最相关的状态：它是一种真实、新真（neo-real）和超真的策略，与此相伴生的另一面便是威慑的策略。[17]

这似乎预示着——至少用马克思的术语来说——我们亟须一种能够缓解资本主义危机的策略，这一策略能够重新建立经济的平衡以及真实原则与真实效应之间的均等。但鲍德里亚拒绝这些原则。他并未采取一种“空间修复”（spatial fix①）——借用大卫·哈维（David Harvey）的术语来说——而是用一种“美学修复”（aesthetic fix）的策略。在这里，威慑是一种能够推广“真实谎言”的机械效应。也正是它，强化了资本主义的道德宣言，并建构了历史的“真实原则”（类似于实证主义中的真理原则）。鲍德里亚将这种机械效应称为“权力效应”（power effects），或是权力仿真。此外他还提出，“当代‘物质’的生产本身就是超真的”，它保持了某些传统的要素。[18]换言之，控制仿真而非控制生产资料，才是资本主义当代模式下的权力基础。

这里不得不将政治纳入考量，因为以上某些过程只能在民族、殖民以及帝国权力的结构下运行，就如本尼迪克特·安德森在《想象的共同体》以及蒂莫西·米契尔（Timothy Mitchell）在《专家法则》（*Rule of Expert*）中所论述的那样。[19]实际上，在鲍德里亚看来，帝国统治的时代带来了一系列智识技术以及视觉性格网。而这种智识结构的权力以类似地图和展览这样的形式呈现（安德森称之为“权力体制”，米契尔则称之为“表象经济”），这些形式都被视为可以无限复制。对安德森和米契尔而言，这些技术基本就是欲望的代表，具体而言，就是将西方的现代性向自我呈现的欲望。鲍德里亚认为，这些技术便是仿真的源头。[20]安德森也直白地论述了地图的功能：“一张地图为其意图再现之物提供了一种模型，但并非那些事物本身的模型。”[21]地图与人口普查的交叠使得“人口普查所幻想的图景得到实体的外壳，其方式是出于政治目的划定领域的边界。反之，通过人口学的精确测度，人口普查也在政治上填充了地图的实体疆域”。[22]

---

①译者注：参见大卫·哈维的论著《资本的空间：走向一种批判地理学》（*Spaces of Capital: Towards a Critical Geography*）。

然而，鲍德里亚还使用“幻象（phantasmagoria）”的概念来描述仿真——不过是一种没有实体存在的仿真，因此也不具有政治意涵。他在一条脚注中引用了瓦尔特·本雅明的说法，即“伪造和复制往往意味着极度的痛苦，一种令人不安的陌生感”，尤其是“在任何技术的机器诞生之前，一直就存在着复制的机器（apparatus）”。[23] “复制在本质上是极其邪恶的，” 他写道——这样一种焦虑以一种拙劣模仿者的姿态激励着殖民者和被殖民主体，一个“仿真的幽灵”（specter of simulation）。[24] 在鲍德里亚看来，是仿真的机器效应让这样的焦虑得以平息。

超真：定义的光谱

根据《牛津英语词典》的定义，“超（hyper）”是一个源自美国的俚语。作为一个不完整的词，它应该是“hyperactive”的缩略语，意为“兴奋的、高度紧张的、极度活跃的”。作为前缀，它的意思是“之上、超过、过多、超出限度”；作为副词与动词搭配时，则意味着“越过、逾越、穿过、抛过或高过”。在《美国英语传统辞典》中，“超（hyper）”的定义来自拉丁语词根“hyper”，意为“之上、之外、超荷”。作为前缀，它意味着“过多的，如苛刻（hypercritical）；超出三维的，如超空间（hyperspace）；非顺序排列的，如超文本（hypertext）”。最后，《剑桥高级进阶辞典》将“hyper”释为“超出了过多，如极度活跃的（hyperactive）、吹毛求疵的（hypercritical）”。在俚语中它作为形容词使用，意为“拥有一种容易兴奋的或紧张的性格；绷紧神经；”以及“情绪上过于激动或兴奋”。

埃柯和鲍德里亚用“hyper”的前缀构成了“超真”这个名词，来表达某种超出真实，或者比真实更夸大之物。鲍德里亚特别提到，超真是——

专属于我们这个时代的歇斯底里：一种对于真实的生产及复制的歇斯底里。另一种生产，即物件和商品的生产、政治经济的好时代的生产，已经不再具有意义，而且这种意义的丧失已持续了一段时间。社会通过生产、过度生产所寻求的，不过是修复已然逸失的真实。[25]

对于那些试图将传统作为建成环境中的一种特质的人而言，“超”这个词的重要性在于它暗示了超出传统的内涵。因而这个词常被用于描绘“超建筑（hyperarchitecture）”。

马克·威格力（Mark Wigley）在其著作《康斯坦特的新巴比伦：欲望的超-建筑》（*Constant's New Babylon: The Hyper-Architecture of Desire*）中，赋予“超建筑”概念以历史学的视角。书中讨论了一个假想的新巴比伦计划，它是由情境主义艺术家康斯坦特·钮文努伊斯（Constant Niuewenhuys）在20世纪五六十年代提出的一个项目。威格力据此对“超建筑”的概念进行了总结：

或许新巴比伦计划最令人震撼的回响，就是它预示了当代人对电子空间的忧虑。它所畅想的一种无限可变的、不断转化和互动的空间，恰恰呼应了近年来无数的基于电脑技术所生产的设计项目。这并不仅仅是个概念上的类比。电脑处于新巴比伦计划的核心位置……电子产品是新巴比伦的关键支撑。[26]

“超曲面（hypersurface）”是另一个重要概念。它指代一种跨越现实和虚拟世界而存在的曲面。作为一个概念，它超越了普通的“屏幕”，或是多媒体及“新媒体”图像可以投影或叠加的平面。实际上，如史蒂芬·佩雷拉（Stephen Perrella）所提出的，“应该将‘屏幕’视为一块绵延于现实/虚拟之间的海绵，而非割裂现实/虚拟的刀子”。因此，超曲面是一种更具交互性、更加“柔软”的表面，它模糊了现实和虚拟/网络世界的界限，让二者之间发生互动。佩雷拉提供的一个体现超曲面的互动特质的例子，就是一个穿戴了虚拟现实头盔或套装等“网络化设备”的人，“它创造出一个横跨现实和虚拟的身体，在这里，一个影响虚拟身体的事件也会影响现实身体”。[27]

佩雷拉还讨论了超曲面对建筑学的深远影响，这可能会将媒介技术和虚拟现实技术的进步与可塑的、动态的建筑“拓扑学”或形式相结合。他认为，两者都以各自的方式颠覆了正统“现代主义者”的正交平面体系，以及形式追随功能的理念。两者结合时，还可以创造出一种“流”平面，它具有前述的海绵式效应，模糊现实与虚拟的界限，颠覆关于固化建筑表面的理解。[28]在其他地方，超曲面的概念还被用来指向一种复杂的建筑形式和曲面，它经过电子化的计算、视觉化和呈现，只能通过计算机辅助的方式来建造。这样的设计路径还可能导向一种可现场变形、更改的建筑形式，以适应不同的功能及需求。[29]这种形式的典型案例就是弗兰克·盖里（Frank Gehry）的洛杉矶迪士尼音乐厅及毕尔巴鄂古根海姆博物馆。

超建筑和超曲面的概念都源于并逾越了对现代主义建筑的后现代批判。他们运用后结构主义/解构主义的理论及新技术发明（尤其是媒体和通信技术），生产出新的建筑理论和设计。

然而，以上的讨论可能让人产生疑问，是否“超”这个前缀会消解传统在“超传统”中的功用？这两个概念初看起来是完全对立的（“超”指向动态、未来，“传统”则倾向于稳态、不变）。如果我们承认这一假设，那么究竟是什么让传统在“超”语境下得以维系？鲍德里亚或许会说，“超”的境遇对传统的消解，实际上构筑了传统的稳态

（valorization）。“超”并不会完全消除传统；相反，取而代之的是某些非原真、无先例之物——它却需要通过原真性来维持其存活。既然“超”这个词隐含了一定程度上的动态性，甚至存在某种内在分裂，那么我们也可以类似地将“超传统”视为某种复合物，它可从一个能指跳跃至另一个能指，或是同时容纳多个能指。这就意味着，“传统”可以从多样的源头获取意义，并由此积累可信度。不过在此，我们还需讨论这些源头如何共同创造出“超真”，继而实现“超传统”——它们是构成奇观的要素。

建成环境中的奇观

马克思主义理论家居伊·德波在其著作《奇观社会》（*Society of Spectacle*）中，提出“奇观”是现代性的历史发展的关键要素。它具有类似“看”的特征，被视为一种经验的构型，不受历史变迁进程的影响。他建构的这一概念，用来描述图像在当代消费社会中的彻底自治性。然而在他看来，“奇观”应借由人与人之间的社会关系来理解，而非作为一种图像大众传媒的技术。因此，这个词有时可与“商品化”（commodification）换用，它也成为定义技术与视觉经验之间关系的要素。

德波认为，“一切曾为人亲身经历之物……都已进入到再现之中”。“恰当的”体验由此成为视觉经验的对立面，它具有内在的碎片化特征。德波所谓的“奇观”也可以理解为一种“图像”，它与“直接经历的”经验“现实”恰恰相反。[30]故而德波认为，尽管奇观的社会结构和标志特征并不一致、甚至相互矛盾，但其特异性依然归属于一个由单一浪潮统摄的“全球体系”之下，这一浪潮就是资本主义[31]。因此，奇观中具体呈现的矛盾既是均一的、也是分裂的，既是独立的、又是统一的。而最终让奇观变得如此强大的原因在于，我们——同时作为生产者和消费者——亲身参与到这个针对我们自己的压迫结构之中，因为“创造了社会的抽象权力（abstract power）之物，亦创造了有形的不自由（concrete unfreedom）。”[32]由此，德波对消费的政治关系提出了一种马克思式的批评，并捕捉到奇观背后的讽刺和矛盾——既具有异化的作用，又是一种拜物的象征。他进一步主张，奇观在一定程度上可视为一种虚假意识[①]（false consciousness）。

不过，资本主义及随之而来的奇观的霸权地位，不仅仅是经济层面的，也是社会层面的。奇观渗透到每一个社会界面、政治关系和社会阶层之中，促成了现实情状（status quo）的再生产。它引发了欲望和敌对（不同种族、宗教和年龄之间）的复杂性秩序，这种秩序联结起资本主义的经济体系。然而，奇观也掩盖了社会分层，将它粉饰为一种“非真实联合体（unreal unity）”，而这正是资本主义所基于的“真实联合体（real unity）”。

以上进程可见于法国理论家罗兰·巴特（Roland Barthes）一篇关于埃菲尔铁塔的知名文章。本文中他提出那个著名观点——没有埃菲尔铁塔，就没有今天的巴黎。你可以在城市中的任何地方看到铁塔；实际上，你唯一看不到铁塔的地方就是身在其间。这一观察恰契合德波在《表象的联结与分离》（*Unity and Division within Appearances*）中提出的观点。过去，埃菲尔铁塔只是为1889年世界博览会而建造的临时构筑物。后来人们发现拆除它过于昂贵，政府便发起一场竞赛，试图遮掩它那种露骨的形象。若不是最终的提案没有一个可行，那它也无法留存至今，成为巴黎的标志物。一个未经规划的巨大失误，最终成了整座

---

① 译者注：“虚假意识”是来自马克思主义理论的一个概念，指资本主义社会的物质和个人主义对无产阶级及其他阶级的误导。

城市、甚至可以说是整个文化的标志。在巴特和德波看来，这个案例便展现了对一个物件的观点，从其建造之起到其可观之时，皆是流变的。今天，埃菲尔铁塔也可作为一个完美的案例，来说明何为情境化的现代性（modernity of contingency）：一件曾遭厌恶之物，转变成了怀旧之物。[33]

不过，以上对于视觉经验与现代技术及“资本主义体系”的分析，是否还依然可行？这样的分析是否会假定资本主义作为一个封闭的体系，由此在其间形成系统化偶然性的谬误？格拉汉姆·马克菲（Graham MacPhee）在他对马克思主义哲学家乔治·卢卡契（Georg Lukacs）的解读中提出，德波所使用的“奇观”概念，将现代理性（modern rationality）理所当然地视为“一个封闭体系”。因此他也无法针对那些新康德主义提出的视觉经验理论作出批评，这种理论在包括鲍德里亚在内的多位理论家的论述中时常出现。换言之，德波的“奇观”概念让视觉经验附属于“真实”经验，并“复制了现代社会机制的主张以构建起一个封闭体系，它根据逻辑、或者说是‘铁律’而行进，这完全决定了社会经验的走向”。[34]

我们可以借用奇观、仿真和超真的理论来分析城市和场所，如此便可区分三种理论上的转义。第一种是迪士尼乐园，它源于一种怀旧的愿望；第二种是拉斯维加斯，它基于幻想，通过震惊来体验；第三种则以迪拜、香港等城市为代表，反映了一种更宏大的乌托邦式诉求。这并不是说其他城市不能承载乌托邦主义，只是说乌托邦在某些城市的体现最为明显和典型。总结而言，在迪士尼乐园，我们可以体验历史，但只限于较小的尺度；拉斯维加斯则是关于在一片幻境中的旅行、探索和流行平民文化（pop-vernacular）；而迪拜、香港这样的城市，则关乎速度（图8.1）。本章接下来的部分就将讨论以上这些案例。

环境	奇观类型	意义	方法	理论框架
迪士尼	展示的	怀旧/愉悦	历史/本地 小尺度	现代的/殖民的
拉斯维加斯	真实/超真实	幻想/震撼	旅行/探索 大众流行	现代 后现代 殖民主义
迪拜/香港	后传统	乌托邦/流动性	速度/时间	核后的 后现代 后全球

图8.1　按照类型、意义、方法和理论框架来对模拟环境进行分类

迪士尼乐园：最“美国”之地

阿列克西・德・托克维尔（Alexis de Tocqueville）曾在19世纪初即内战之前访问美国，他的著作《论美国的民主》（*Democracy in America*）如今已是欧洲人理解美国的“圣经”。实际上，本书的出版让美国在那些从未抵达新大陆的欧洲人眼中成了一种“超真”。重要的是，鲍德里亚出版于20世纪80年代的《美国》（*America*）一书亦可理解为与托克维尔的《论美国的民主》一书的隔空对话，他们对于美国式的“超真”进行了类似探讨。鲍德里亚认为，美国的唯我独尊缘于一种独有的美国式自恋以及对身体的迷恋。[35]他调用了占星学、科幻小说和精神分析（也包括文化与社会理论）的词汇，并从人类学视角对这一现象进行观察，进而提出，美国“既不是梦，也不是现实”。相反，它所呈现的“超真”如同“一个仿佛在开始之初就已达成的乌托邦”。[36]

鲍德里亚的方法是行万里路，而非读万卷书。他的研究基于民族志而非档案，他的观察和评论集中在完全开放式的空间（如没有开始亦无尽头

的道路，没有清晰边界的巨大沙漠）。如此，他发现“美国文化是沙漠的继承者”，它与自然没有联系，却代表着一种“虚无”（emptiness），将“文化作为一个幻象，一个永恒的拟象”。[37]对鲍德里亚而言，美国就是一部“虚构作品”，一个“全息影像”，如同一片梦想与幻想的世界。

鲍德里亚认为，迪士尼乐园完美地代表了美国人对身体和年轻的崇拜，以及对梦想和幻象的迷恋。他指出：“迪士尼乐园存在的目的就是掩盖这样一个事实，即它才是‘真实’的国家，是美国的全部‘真实’所在，这就是迪士尼乐园。”在鲍德里亚看来，迪士尼乐园的创造性在于它彻底的伪造性，这反而让人相信，“迪士尼之外的一切都是真实的，但实际上整个洛杉矶、整个美国都不再是真实的，而已落入超真与仿真的世界中。”在这里，重要的并不是它作为“真实的伪再现”，而是它“掩盖了真实已不再真实的这一真相，由此拯救了现实世界的秩序”。（图8.2）[38]

图8.2 安纳海姆的迪士尼乐园，加利福尼亚州

埃柯同样发现，迪士尼世界“比蜡像馆还要超真实”，“它清楚地展现了，其魔法般的乐土就是一片彻彻底底复制的幻想……它可以确保让重建成为伪造的杰作，它所兜售的货物都是真诚的买卖，而非复制品”。[39]埃柯认为有些人在一定程度上有所察觉，他们将对伪造品的追求作为一种接近历史和正当性的途径。实际上，他反转了虚假意识这一概念，借助于此，生产者及其产品能通过对历史中社会关系的认定来对抗异化，由此重建物之间的价值关系。

拉斯维加斯：一座真正民主的城市

埃柯认为，拉斯维加斯代表了一种城市规划的新现象，“这是一座完全由符号构筑的‘讯息’城市，它与其他城市的不同之处在于，它传递信息不是为了实现某种功能，而它的功能本身就是传递信息”。[40]实际上，它的建成环境传递出的讯息是，它是一座“极端”之城——从博彩业、商业化性产业到即时婚礼。这类活动所仿真的奇观便是这座城市所赖以为生的极端化策略的结果，从而作为一座能够让人实现大梦想的小城镇，吸引全国性的目光。这样一种极端性早期可见于拉斯维加斯与好莱坞的密切关系以及它的电影化场景之上，这让拉斯维加斯成为美国城市中的文化“他者（Other）”——其他城市通常具有一种“美国腹地的清教徒式的、乡野气息的、工业蓝领的精神气质”。[41]然而，如马克·格特迪纳（Mark Gottdiener）所指出的那样：“在那闪闪发光的‘建筑娱乐化（archi-tainment）’立面和其他拉斯维加斯式‘超真’奇观的背后，隐藏着商品生产的‘真实’逻辑。”[42]换言之，拉斯维加斯绝不是文化他者或文化荒地，而是一座“完完全全的美国城市”；在这里，奇观的生产作为“大肆活跃的媒体宣传所塑造……的严谨产物”，这使它成为“美国梦”之下的一处“变幻无穷、不可思议的空间”。[43]

放在托克维尔19世纪初的美利坚之旅的语境下，保罗·坎托（Paul Cantor）提出，托克维尔可能会将拉斯维加斯视为一座真正民主的美国城市。在《论美国的民主》一书中，托克维尔将美国与欧洲的差异类比于民主制与贵族制的差异，并以其各自相对应的艺术作品为佐证。在坎托看来，托克维尔或许会提出，“后现代主义是一种民主的美学”，“因其基本准则就是一种反贵族的动力，以消除所谓高雅和低俗文化的界限，或是任何艺术门类中不同历史风格的界限”。坎托的结论便是，拉斯维加斯恰恰代表了一种美国式民主，原因是其建成环境的“可复制（reproducibility）”及“低门槛（availability）”。[44]

“拉斯维加斯压缩了一切，包括它的空间”——这一现象也加强了拉斯维加斯的民主气质，因为它让美国人无须花费如此昂贵的国际旅费，便可轻易地获得欧洲的观感。[45]然而，拉斯维加斯的“超真”不仅源于它对原作的效仿，也在于它否定了原作与复制品之间任何形式的屈从。如坎托写道的：“拉斯维加斯的每一座宫殿式酒店似乎都在点头认可欧洲文化的优越性，但每一次点头都伴随着一个俏皮的眨眼，在这眼色中蕴含着美国人的一种思维，即‘我们也许是在模仿欧洲，但我们可以做得更好。’”[46]

在拉斯维加斯，热带逸林酒店（Tropicana Hotel）及其赌场位于宾馆大道的一个重要交叉路口。如今在它的近旁耸立着纽约-纽约酒店（New York-New York）、大米高梅酒店（MGM Grand）、神剑酒店（Excalibur）及其赌场。然而在20世纪90年代，在热带逸林酒店和恺撒宫酒店及市中心之间仍是一片荒芜沙漠。在拉斯维加斯，一切都是在规模上与原作完全不同的复制品。20世纪90年代以来，在这些空地里耸立起威尼斯人酒店、巴黎酒店、纽约—纽约酒店，它们都按照这一原则建设。就像在迪士尼乐园一样，这样一种视觉策略刻意凸显它的主题性方法。这些宏大的赌场及酒店综合体既没有试图遮掩自己的复制品身份，亦未试图超过原作。相反，它们通过一种“完美无缺的复制实践”，令原作显得无关紧要。这些作品使人联想到一个先例——即“世界”博览会背后的殖民意图。殖民时代的博览会和当代的拉斯维加斯一样，强迫参观者直面一个混乱不堪的现实。这和迪士尼的策略完全不同，后者只选择性地彰显美好之物。而拉斯维加斯粗暴呈现在参观者面前的超真，不仅是作为一种美学的载体，同时也是一个完整的、雅俗兼收的打包销售（图8.3）。

我们还可以从另一情形中看出这座城市的殖民主义源头。因为拉斯维加斯并不是由本地人，或是为本地人建造的。它的建造资金完全来自外部。然而，正如哈尔·罗斯曼（Hal Rothman）指出的，在所有殖民式

图8.3　从拉斯维加斯大街上看到的巴黎酒店及赌场

建设中，拉斯维加斯是独一无二、前所未有的。作为一场奇观秀，拉斯维加斯既是经济现象亦是社会现象，因为它能够在20世纪90年代将其独特地位资本化，以迎合庞大中产阶级的需求和欲望。拉斯维加斯也是可塑的，没有任何特定或固定的身份。实际上，在这样一处场所，“没有什么是真实的”，但这却可理解为一个确保它在不同发展阶段皆保持生存活力的卖点。[47]

这个独特的故事，也使人联想到殖民主义语境和后来的企业资本主义。多种“资本主义体制”塑造了拉斯维加斯的结构、功能和视觉呈现——包括有组织犯罪、联合养老基金和企业身份。拉斯维加斯作为一处“殖民地”，是由外来的决策、资金及劳力所塑造的；它的地位与内陆地区无关，而是由作为宗主国的联邦政府来定义的。就像罗斯曼所观察到的，拉斯维加斯的殖民意味还表现在，它是“一种新型公司城市”（company town）。[48]由此，他认为拉斯维加斯的经济是“寄生性的”，脱离于整个国家的经济结构——这一境遇体现在它几乎没有工业，而且相对临近的加州及更广泛的美国西部而言也处在边缘化的地位。

在描述这座城市的崛起时，罗斯曼恰当地将其命名为“蜃楼阶段”（Mirage Phase）——这一概念最终通过史蒂夫·维恩①（Steve Wynn）之手得到实现，正是他将拉斯维加斯“发明的真实”（invented reality）建设为一处幻想、消费及纵欲之所。不过，这一过程的资本主义面向与其说是由维恩一手塑造的，不如说它只是70年代以来美国经济发展的产

---

①译者注：史蒂夫·维恩（1942—），美国房地产大亨，是拉斯维加斯诸多奢华赌场及酒店业的幕后推手。他在拉斯维加斯第一座重要项目就是“蜃楼（Mirage）”酒店——在此作者巧妙应用这一双关。

物——这一发展让贷款和现金唾手可得，而无须到赌场去冒险。拉斯维加斯的经济也经历了必然转型，它的基本动力从博彩业转移到旅游业、娱乐业，以此拓展它对普通大众的吸引力。毋庸置疑，这一转型也支撑着阿拉斯维加斯从一个特例的城市，转变为一个代表性的城市，并最终成为一种后工业时代服务型经济的范式。

威廉·福克斯（William Fox）对比了让·保罗·盖蒂（Jean Paul Getty）和史蒂夫·维恩分别在洛杉矶和拉斯维加斯扮演的角色，进而提出“建筑集合体”（edifice complex）的概念。两位地产大亨建设的“巨无霸”项目虽然目标迥异——如拉斯维加斯的百乐宫和洛杉矶的盖蒂中心，但“公众皆将这两座建筑视为开放可达的财富奇观，这种奇观借建筑之象将现实境遇大加书写。”[49]不过，二者间还是有本质差异：在拉斯维加斯投入的巨额资本仅仅是为了“颠覆树立在私人享乐与公众消费之间的隔墙”。这导致了“社会地位的创生，并通过政治美学让道德标准法律化”，“这种行为的核心驱动力就是让自己无限靠近不朽的欲望。”[50]

福克斯的分析十分强调场所（place）。沙漠，作为一个物质性的、拓扑性的（同时也是比喻的、隐喻的）空间，将拉斯维加斯和洛杉矶关联起来（还将与后文关于香港的讨论中提到的加州花园有关）。实际上，最初正是这种联系所引发的联想，吸引了第一批来自好莱坞的游客，后来才是普罗大众——他们受拉斯维加斯在影视剧中的形象吸引，还有一些流行小说推波助澜，如亨特·S. 汤普森的《拉斯维加斯的恐惧与厌恶》（*Fear and Loathing in Las Vegas*）。这种场所之间的协同作用（synergy）具有根本意义，无论是就视觉上的流动而言，还是考虑到一种“金融循环系统”——汽车和电影明星一样，都是其不可或缺的组构者。因而，资本掠夺从一开始就是这一奇观式视觉环路的首要目的，这使得任何批评拉斯维加斯为文化荒漠的论调不攻自破。

在福克斯与罗斯曼对拉斯维加斯的分析中，资本主义和奇观都扮演了重要角色。不过福克斯进一步观察到，奇观的秩序及其背后支撑的资本似乎都屈从于某种逻辑。继而他得以拨开这异想天开的重重迷雾，让背后的理性得以显现，以解释拉斯维加斯比起初创之时，其经营模式已发生何种根本性的变化。若如瓦尔特·本雅明所言，巴黎是19世纪的首都——那么拉斯维加斯就代表着21世纪一种类似的范式空间。

后全球世界中的后传统环境

有人认为，全球化范式已在当下失效，因为它所允诺的自由和解放从未实现。故而也有人将“9·11”事件视作一种象征——全球化进程大败，而全球化所引发的地方消极情绪却高歌猛进。显然，全球自由主义那令人欢欣鼓舞的想象已退出舞台，取而代之的是全球范围内无处不在、无法限制的“他者”带来的切身威胁。不过我们也应认识到，后“9·11”时代见证着一个新范式的崛起——我称之为“后全球”（postglobal），并非是我们已抛弃全球化，而是因为我们需要超越它带来的话语边界。简言之，当下这个时代可谓之“后全球”，是因其已取代全球多元文化主义及多边主义这一短暂而荒诞的时刻，也因为这样一个特征颠覆了所谓“全球村”的概念，代之以单边霸权文化的概念。故而，“后全球”一词并非指涉全球化的终结，而宣告了一种完全不同的介入路径的出现——这一路径与过去的自由多元文化主义的全球化愿景截然不同，原教旨主义和帝国主义霸权都成为全球化进程中不可忽视的力量。

对于研究建成环境中的传统的学者而言，后全球时代引发的首要议题便是传统的诸观念与一种我称之为“后传统”（post-traditional）环境的新形式之交汇。后传统环境是这样一类空间，它们动摇了场所与意义之间的关联——这种关联抑或经历漫长历史发展而来，抑或是人们的一种假设。后传统场所的过去不仅是当下发明的，还遭到刻意的忽略，以便于用一种被假定为历史的临近当下取而代之。随着时间流逝，这种方式意味着它所指涉之物不再是与空间、民族或种族相关的某个历史瞬间，而是一个不断迁移的目标，它能让当下的诸观念及美学合法化。在这样的情境下，历史风格和乡土风格要么变得不关紧要，要么只是过去的遗迹而已。那么，传统又要往何处去？后传统环境恰恰创造出这样一种假想的可能性，传统便如琳琅满目的橱窗商品那样任君挑选，而无须受特定场所或人群带来的前提条件所限。

安东尼·吉登斯（Anthony Giddens）分析了这一后传统境遇在某个特定社会的反响。他提出，在传统较为强势的社会，个体行为无须太多的思考，因为大部分选择都已由传统和习俗预设。（当然，这并非意味着传统不能受到审视或挑战。）然而在后传统时代，我们无须再忧虑前人确立的先例，至少在法律和公众意见允许的情况下，我们的选择是无限开放的。进而，在社会中如何行动的问题变得重要起来，我们被迫为此伤神，做出抉择。处于这一境遇下的社会，其“反馈性”（reflexive）要远胜于过去，同时深知自身的不稳定状态。[51]

十几年前，我在为某一届IASTE会议撰写摘要征集稿时用到了“后传统”一词，便具有这种论战式的、而非自欺欺人的意味。如今很多学者接受了我使用的这个名词，尽管它在一开始只是试探性的，并未在理论上得到充分论证。不过如今我对后传统这一概念更加关注起来。对这一问题的讨论，不仅与愈发脱离场所或民族的强大全球性愿景相关，也承认了传统这一“硬通货”会持续随着全球网络和资本而流动。后传统时代的身份认同变得愈发复杂，因为身份与场所之间的关联不再是由传统决定的。

哪些地方最能体现这种后全球、后传统的境遇？我认为最标志性的后传统场所，既不是像佛罗里达的滨海城（Seaside）或是英格兰的庞德伯里（Poundbury）这样的新传统城镇，也不是像拉斯维加斯或迪士尼乐园那样的仿真传统场所，而应该是像迪拜、香港和新加坡这样的城市。这些城市作为流空间的节点，它们所拥有的全球想象力正是从其他先例中汲取的。此外，这些城市始终处于竞争的压力下，它们的历史是当下塑造的，它们在世界主义（cosmopolitanism）的伪装下时常否认自己的传统，或是不经推敲地接受任意假借的传统。在这里，后传统的概念既不应视为从某种强加传统的脱离，亦不是对一种线性发展的历史传统的接纳。相反，这种重新定位在后全球时代的现实下变得愈发必要。

迪拜：最佳状态下的奇观

欲理解奇观是如何被创造出来以弥补传统或遗产的缺失，最好的地点之一便是阿联酋的迪拜。迪拜是一个创立于19世纪的小渔村，20世纪中叶成为区域的贸易中心，在过去三十年间经历了一个加速增长的过程。这一轮增长的驱动力主要就是石油业的巨大收益以及它的自我增强——奇观城市主义（spectacular urbanism）。人口特征印证了迪拜的“独一无二”，这一特征时常被用来作为城市的标准化叙述——作为一个拥有近200万居民的城市，它的人口构成几乎都是非本地人（包括阿拉伯人、亚洲人和西方人）。但正是这种场所与历史的脱离，帮助迪拜成功走上了通过一个可复制的无国界模型而成为“全球城市”（global city）

的快车道。[52]实际上，这也赋予迪拜在该地区的独特个性和身份——并非借助遗产，而是全球性（globality）的语境。

亚赛尔·艾尔塞什托伊（Yasser Elsheshtawy）曾提出，为了让迪拜变得具有全球性，它的建筑不仅应是奇观，还需是标志性的。[53]对于这样一种策略——向全球兜售图像至上的身份——而言，夸大的手法成为必须。鉴于迪拜缺乏“传统”，那么建筑学与审美上的卖弄和拼贴便成了塑造意义的法门。摩天楼的建造是下一步的敲门砖，因为垂直巨构才是资本主义与现代性的终极表达。正如艾尔塞什托伊所写道，在迪拜，声望取决于垂直高度。其间最显著的案例便是迪拜塔：“一个沙漠背景下的‘迪拜式’奇观的完美案例，它远离任何文脉关联！”[54]不可思议的是，拉斯维加斯在迪拜的城市景观中并未有明显的影响，尽管它始终在幕后隐隐存在（图8.4）。

图8.4　迪拜天际线

另一个针对迪拜的近期论述来自艾哈迈德·卡纳（Ahmed Kanna），他重新提及查尔斯·傅立叶（Charles Fourier）的“法朗斯泰尔①”模型，来表达迪拜的乌托邦主义——这是一个连廊和拱廊构筑的城市，自给自足，是个法外之地。他的研究关注了这一“公司式国家”（corporate-state）体系如何真正构筑乌托邦——无论是围绕这座城市的混杂性语境还是它真实的地理状况皆可佐证。

除却迪拜的空间元素不谈，卡纳考察了一类族群团体间关系，这种关系暗示了“城市景观的外观和经验，也可能解释当代文脉下某些特定乌托邦形式的情感诉求”。[55]如他所指出的，迪拜的社会分层是种族和部落的沿袭，包括：贝都人（Bedu）——该区域原住民的后代；伊耶姆人（Iyem）——来自波斯湾对岸的伊朗的移民及其后代；以及那些被认为是“混血”的人（双亲皆为入籍的阿联酋人，或是父母有一位不是阿联酋本地人）。最后一个群体是卡纳分析的焦点，因为这些混血阿联酋人说着流利的英语，展现着迪拜的乌托邦主义所承载的混杂性和流动性。他们主要在西方接受教育，回到迪拜是为追寻某个特定的现代性项目。卡纳认为，这个群体凝聚着迪拜的某种精神特质——它均衡地塑造了“这座城市作为一个理想概念的进步形象：一方面，它超越过去；另一方面，它预示着未来”。[56]

然而，卡纳同时援引卡尔·曼海姆（Karl Mannheim）的话，揭示了迪拜的乌托邦主义这一事实还“谓之尚早”。他明确指出这个“集权公司式国家”的治理和规划问题，还有在移民劳工及侨居专业人员之间赤裸裸的不公平现象，认为迪拜或许更应被视为一个“平庸的乌托邦”（banal utopia）——正如马克·奥热（Marc Augé）所言——而非一个“恰适的乌托

① 译者注：法朗斯泰尔（phalanstery），空想社会主义者傅立叶在19世纪初提出的一个乌托邦社区模型，理想情况下可供500至2000人在互利互惠的原则下过上自给自足的生活。

邦”（utopia proper）。[57]尽管在傅里叶眼中，人道主义始终面临混淆的危险，理想的人格也可能由此降格为一个消费者，但卡纳辩解道，现代迪拜尽管有乌托邦之名，却无法脱离其现实状况来理解。“从这意义上说，迪拜正经历着一个即兴化（ever-improvising）的资本主义对纯真乌托邦的最终殖民，而这将为前者创造出乌托邦式的自我表象。”[58]故此，迪拜的超级项目或许就可作为卡纳所谓的“新近资本主义乌托邦”的绝佳例证。

在这奇观资本主义之中，混杂性扮演着何种角色？卡纳和艾尔塞什托伊都接受了城市的混杂性概念——这种混杂性无须承受历史的负担（或是空间的，只要迪拜真能被视为一块白板）。我在其他地方论述过：“这样一种假设早该改变，即认为混杂的环境就一定只能容纳或促生多元化趋势或多元文化实践。混杂的社群并不总会创造出混杂的场所，而混杂的场所中也不一定就居住着混杂的人群。”[59]此外，卡纳和艾尔塞什托伊对迪拜的分析很大程度上忽略了对“中产阶层（middle）”和“普通人（ordinary）”的关切。他们聚焦于奇观及其塑造的区分和隔离，更多地关注这场奇观背后的工程师和劳动者。由此，我们并不清楚艾尔塞什托伊提出的“普通人”究竟是谁，而卡纳也只是用中层经理人的境遇来指代整个中产阶层。

据迈克·戴维斯（Mike Davis）所言，迪拜是一个“奇特的天堂”，一个“涌现的梦境”。比起拉斯维加斯，它可谓一个更浮夸的“资本主义欲望的沙漠狂欢”，因为“它不仅拥有更大规模的奇观，而且还在挥霍性地消费水和能源”。它是一座建立在无节制之上的“变幻无常的”城市。[60]戴维斯写道，迪拜的根基是一位埃米尔—总裁①（Emir-CEO）的

① 译者注：埃米尔（Emir）是阿联酋国家元首的称号。这里的埃米尔—总裁呼应了前文对迪拜作为“公司式国家”的论述。

“开明暴政”和“封建专制”，而他正是“想象驱动的城市设计的全球新标杆”。[61]因此，这座城市也象征着诸种幻想的凝练（来自华特·迪士尼、琼·杰尔德①、P. T. 巴纳姆②等），这种幻想只能在像中国、迪拜这样的社会才能彻底实现，那里在无须经历层级式的资本主义发展的前提下，却可让资本走向完美之境。戴维斯称，迪拜和中国在这场竞赛中的角逐，可从资本主义帝国之间的战争中寻得先例。

这些特征也使人想起马克思、恩格斯以及魏复古③的论著，他们皆认为亚洲社会是独特的，尤其是一种高度政府控制下的资本主义。亚洲政体下的资本积累过程（一种“亚细亚生产方式”）让自由主义者与马克思主义者皆摸不着头脑，因为这些国家的中央政府得以绕过历史上的常规过程，同等地建立起高度发达的资本。列夫·托洛茨基（Leon Trotsky）将这一超资本主义（hypercapitalism）阶段称作“动荡而综合的辩证发展”。[62]不无巧合的是，戴维斯接下来也说，迪拜在世界市场上的“品牌营销”是必要的，因为迪拜唯一的对手就是中国。

戴维斯认为迪拜是独一无二的，但仍有其他一些依赖资本奇观而存活的地点与其相似。作为区域的金融、贸易和休闲中心，迪拜是波斯湾的“迈阿密”、阿联酋的“新加坡”、伊朗的“香港”。同时，它还是20世纪50年代北非的“丹吉尔”、60年代中国的“澳门”——黑市经济确保它能免于恐怖主义暴力。的确，戴维斯声称迪拜之所以能避免恐怖主义，是因其为极端伊斯兰主义者提供了庇护所。同时，它也是所谓美国

---

①译者注：琼·杰尔德（Jon Jerde），美国建筑师，因在拉斯维加斯和全球各地设计了多个开创性的商业空间而知名。

②译者注：P.T.巴纳姆（P.T.Barnum），美国商人，创造了“巴纳姆马戏团”。

③译者注：魏复古，原名卡尔·奥古斯特·魏特夫（Karl August Wittfogel，1896—1988），德裔美国历史学家、汉学家，曾提出东方专制主义理论，引发很大的争议与影响。

“反恐战争”的合作伙伴，进而从“恐惧”中牟利。此般恐惧曾在迪拜早期的市场组织中扮演着一定作用，当时石油储备尚且是经济支柱。本质上看，迪拜就是个巨大的封闭社区。作为一处“个人安全的天堂”，它凝聚着“芝加哥学派”想象中新自由主义资本经济的最高价值。[63]

在戴维斯眼中，迪拜应理解为一个专制资本主义国家——在那里，规章制度皆基于他所谓的“可塑（modular）自由”，取决于“经济功能的严格空间区隔，以及受种族限制的社会阶层”。[64]这些空间策略都是经济及消费者导向的，创造出不受司法常规限制的豁免区，允许人们根据自己的规则行事。这样的豁免区同样可见于当地剥夺劳工投票权的做法，这使得迪拜唤起人们对殖民主义的怀旧记忆。尽管这些特征并非迪拜独有，但戴维斯认为：“只有迪拜能让每一块飞地在特定的规章法律界限之下行事，这一界限是根据国外资本及移民专家的特殊需求而量身定制的。”[65]

类似地，迈克·戴维斯和丹尼尔·蒙克还研究了一种由“野蛮的、癫狂的资本主义”引领的、关于未来的虚构图像学（speculative iconography）。[66]他们再次使用了“幻境（dreamworld）”一词，问道：“当代这个消费、资产和权力构筑的‘幻境’告诉我们哪些关于人类共同体的命运走向？”[67]他们的回答是，这些邪恶天堂孕育着一个“乌托邦式的幻想”，而在其中，迪拜或许是“最引人注目、最邪恶的”——它不仅呈现出瓦尔特·本雅明的“幻象（phantasmagoria）”，还有西奥多尔·阿多诺（Theodor Adorno）强调的一种现代性的邪恶面向。[68]最终，这些“幻境”证实着终结，而非创生。然而，这一历史终结并不像弗朗西斯·福山（Francis Fukuyama）预料的那样是由自由主义民主的胜利带来的，而是来自“现代主义晚期历史的终结阶段、而非早期阶段。”[69]因而，就像拉斯维加斯一样，死亡和宿命论正萦绕在当代资本主义的上空。

香港和北京：壮丽的超传统

迪拜的崛起，很大程度上类似于另一个处在“交叉路口”的城国——新加坡。新加坡与迪拜的地缘政治显然不同，但它们尽管皆处在第三世界区域，却都刻意地自我标榜为第一世界城市。这样一种成为“第一世界城市”的渴求，彰显于它们的建成环境之中，其中呈现的奇观景象便是一种争取国际认可的手段。这样一个过程，可以用王爱华（Aihwa Ong）的“世界化实践（worlding practices）”一词来理解。[70]

另一个亚洲的例子是北京，它在对于新兴城市奇观的讨论中占据着独特的、象征性的位置。作为社会主义中国的精神中心，北京自20世纪70年代末以来经历了由城市化推动的剧烈城市变迁。近期为2008年北京奥运会建设的巨型项目，更昭示了它的城市愿景中密不可分的一部分：即对城市景观的奇观化。正如安娜-玛丽·布鲁多（Anne-Marie Broudehoux）所写的：“仅在北京一城，就有10亿平方英尺的办公、商店和公寓将在2008年前叠加在它的天际线之上——这相当于三个曼哈顿，总建造价值将达到1600亿美元。”[71]

对于奥运会这样的大型盛会而言，北京的城市管理者显然相信，自己应该借此登上国际竞技场的“顶级行列（superlatives）”。就像其他那些渴求达到“世界级”的城市一样，北京也试图通过招徕国际知名建筑师和前卫风格的建筑，来将这座城市的形象进行良好包装，以陈列在世界舞台之上。（图8.5）

香港是另一座基于“奇观资本主义（spectacular capitalism）”运作的城市。布鲁多在这里提到了“加州花园①（Palm Springs）”的案例，这

① 译者注：加州花园（Palm Springs），位于香港新界的一处豪宅社区；英文名来自美国加州同名社区“棕榈泉”，是位于加州东南部的一处退休养老胜地。

图8.5　北京奥林匹克体育场

个封闭社区源于对遥远的加州的幻想，是一处为财富、休闲和家庭而建的梦想乐园。只有持特殊“通行证”的人才能获许进入这个远离香港繁忙市中心的居住区。不过正是在这里，布鲁多写道，它与当地现实的空间关联被撕裂，由此这座城市的殖民地遗产便可存活下来，成为“一个充斥着怀旧情绪的装饰性元素”。[72]正如拉斯维加斯让美国游客在家门口体验欧洲，而无须经历国际长途飞行和说外语的困扰，香港的加州花园也通过“时空压缩的方式”创造了一个类似的幻景。在这里，你仿佛身处加州——这个“全球影像和幻想的中心”，而无须真正前往。[73]加州花园的广告材料上是如此写的：

> 我们为香港带来了南加州的风貌、感官体验和优美风景。当你沿街漫步，耳边传来柔和的欢笑，感受这个社区的温暖，它仿佛正敞开双臂欢迎您的到来。加州花园的设计坚持品质至上。正因如此，这里

> 的氛围如此让人着迷。这里有着种满棕榈树的街道和如画的景观。让你惊喜的还有舞动的喷泉、五彩的花海、古朴的路灯、街心的雕塑。我们创造这一切，只为让您感受健康和幸福。[74]

连家都可以被呈现为一个仿真环境，难怪劳拉·卢杰里（Laura Ruggeri）会将加州花园这样的居住区与主题公园、购物商场相提并论。在这些地方，“一个理想环境的仿真”被用来“实施一种整体性的行为密码，以此建构这一理想主义的幻景，并保持它的经济和象征价值”。[75]如果说北京可视为这样一座正在崛起的、从其社会主义历史中脱颖而出的新兴资本城市，那么香港则为我们展现了一座与超真、仿真和奇观密切交织的后殖民城市的肖像。

从托克维尔到鲍德里亚的欧洲人，一直认为美国是一个没有“真实”历史的国家。相反，它不断假借他处的历史，由此成为仿真环境的终极范本。有趣的是，在21世纪，美国这一理念和做法也在全球各地的城市被复制、传播和移植——哪怕那些城市本就有根深蒂固的历史和遗产。然而，无论是北京、开罗、上海还是伊斯坦布尔，这些城市再次成为所在国家或地区的其他城市热衷于复制的新模型。如果我们承认，仿真的定义即是一种复制品的复制，与原作无关，那么我们也应接受迪拜作为一个理想模型，而无须指责中东其他地区如火如荼的“迪拜化”。当下的现实是，仿真已成为21世纪城市环境生产中最为重要的概念。

（黄华青 译）

第九章
传统与原真

只有浅陋之人才不会以貌取人。这个世界真正的谜团在于可见之物，而非不可见之物。

——奥斯卡·王尔德《道林·格雷的画像》(1890)[1]

关于建成环境中的传统的研究，需要批判性地引入“原真性”（authenticity）的概念——尤其是关于何为真实的（true）、真诚的（sincere）或现实的（real）。这些概念的意义都非常复杂，最好能通过实例来阐释。

2010年12月，美国邮政总局发行了一套邮票，其中使用了两幅美国式的、可谓是“举世闻名”的象征物：自由女神像和美国国旗。作为这套邮票的配套说明，邮政总局提供了一段关于自由女神像的简史——其中尽职地提到，这座女神像的价值是作为“世界各地千万人民的政治自由与民主”的象征。[2]

几个月后，一位集邮家发现邮票上的自由女神像并非邮政总局声称的，是来自纽约原版自由女神像；而是拉斯维加斯的纽约-纽约赌场大酒店（New York-New York Hotel and Casino）前广场上的一尊复制品（图9.1）。[3-4]作为对这一乌龙事件的回应，邮政总局召开了一次新闻发布会，强调拉斯维加斯的自由女神像复制品的设计是忠于原作的。[5]更重

图9.1 拉斯维加斯纽约—纽约酒店及赌场门前的自由女神像

要的是，邮政总局并未从市场上召回这批邮票。根据邮政总局发言人罗伊·贝茨（Roy Betts）的说法，邮票上并没有错误，故而也没必要召回。如果一定要说存在某种“错误”，那么并不在于艺术品的图像本身，而是在于“说明文字”。[6]要解决这样一个技术性问题，只需承认邮票上的图像来自拉斯维加斯的复制品即可。于是，邮政总局纠正了邮票配套的说明信息：“邮票上使用的这张雷蒙德·林克（Raimund Linke）创作的特写照片，来自内华达州拉斯维加斯的纽约—纽约赌场大酒店前的自由女神像复制品。自由女神像的原作仍矗立在纽约湾的自由岛之上。”（图9.2）[7]

邮票依然以成千上万的数量在市场流通。[8]这个乌龙事件展现了，对原真性的宣称可能会来自误解。在这个案例中，邮票造成的混淆可部分追溯至这幅图像的实际来源。邮政总局的图片版权来自照片服务商盖蒂图像公司（Getty Images）。总局也坚称，是盖蒂图像公司宣称这幅自

图9.2 复制品的照片（左侧）与原作的照片（右侧）

由女神像照片是来自原作的。在邮政总局已对邮票照片的来源做出必要修改，从而声明它的出处之后，盖蒂图像公司直到几个月后依然将这幅照片标记为自由女神像原作的摄影作品。巧合的是，盖蒂图像库中还有一张类似照片，名为“美国，内华达州，拉斯维加斯，自由女神像复制品，特写”，摄影师为马丁·鲁格纳（Martin Ruegner）。[9]实际上，这幅照片与林克的那张照片几乎一模一样，只是自由女神的脸在图像中的构图方位略有不同。在林克的照片中，自由女神位于画面偏左部分；而在鲁格纳的照片中则处于正中位置。

意义的范畴

这一段邮票的插曲，如何展现了复制品与原作之间势均力敌的复杂关系？这是否真的意味着，复制品可以拥有与原作等同的价值？当论及民族认同的符号和象征时，这个例子能否映射更宏大的原真性问题？当代的文化及再现模式的组织和形塑总会涉及诸如“原作”“复制品”这样的词汇。人们往往认为这些词汇能够反映超越时空的普遍意义。然而实际上，这些词汇并非放之四海而皆准。每个词所指向的语境都持续受到通俗语言的变迁的影响，受诸多历史巧合的重塑，并在意义的政治中不断重新校准。

这个案例还说明，“原作”和“复制品”都可以起到关键词的作用——根据雷蒙德·威廉姆斯（Raymond Williams）的论述，这类名词不仅能用于描述社会生活，也能够积极地塑造它。[10]通过强调语言的施为性（performative）而非再现性（representational）维度，威廉姆斯记录了关键词如何作为一种社会经验持续调和与重释的角力场。

什么是原作（original）？根据《牛津英语词典》的定义，该词来自拉丁语“originalis”，意为“作为模型（model）的某物”。[11]在《牛津当代美式英语辞典》中，原作指的是“从一开始就存在的、与生俱来”之物；“新颖的、发明的、创造的”；“作为范本的；非衍生或模仿的；一手的”。[12]在《牛津英语词典》中，这个词作为形容词，指的是某物“从一开始便存在；第一个或最早的”；“来自特定的艺术家、作家、音乐家等的个人创造；非复制品”；“不依赖其他人的思想；创造性的，或创新的”。作为一个名词，它指的是“作为模仿或复制的模型或基础的某物”。[13]它在中古英语最早的使用语境可追溯至“原罪（original sin）”一词。

相反，复制品（replica）在《牛津英语词典》指的是“某件艺术作品的复制品或副本；尤其是由原作艺术家本人制作的复制品”；或是“一件复制品或模型，尤其是按比例缩小的模型”。[14]在定义中，复制品在尺幅和语调上都不同于伪造品（forgery），后者是“一个发明；虚构的创作，编造；”或是“伪造的、仿制的、捏造的某物；一个欺骗性的造物”。[15]这些词汇的核心概念是原真性（authenticity）。就词源而言，“原真性”一词来源于古希腊语“authentikos”，或者说“真实（genuine）”。它指的是一种在实体，或在源头及著作权上，与事实、现实或真相相符的状态。[16]然而在社会生活中，原真性的作用通常是作为一个关键词。

有多种哲学理论框架可以用来论述原作与复制品之间的关系。其中一个是瓦尔特·本雅明的里程碑著作——《机械复制时代的艺术作品》（*The Work of Art in the Age of Mechanical Reproduction*）。[17]其中本雅明提出，艺术作品一直以来就是可复制的；实际上，艺术大师的学生经常会通过复制其艺术作品来学习技艺，还有些第三方团体为了经济利益而进行复制。本雅明说道，历史上的艺术作品原本服务于仪式目的——最早是巫术，后来则是宗教。因此，“原真”艺术作品的独特价值，是基于其使用价值而言的。然而本雅明亦辩驳道，现代机械技术为艺术史引入了新事物：它将艺术品从对仪式的依赖性中剥离，进而加速了艺术品的复制过程。[18]本雅明列举的一个重要案例就是摄影负片，从中人们可以制作任意数量的印刷品。在这种情况下，他认为寻求“原真的”负片毫无意义，“（机械复制时代）被复制的艺术品成了为复制而生的艺术品”。[19]然而，在讨论原真性概念与机械复制的关系时，本雅明依然认为“原作的存在是原真性概念的前提条件”。对他而言，“原真性的整个意义范畴”[20]都独立于技术层面的可复制性之外。因此，原作也独立于复制品存在。在后文我将质疑他的这一论点。

第二条解读原作与复制品之间关系的路径，可见于文化批评家莱奥纳尔·瑟雷林（Lionel Trilling）的著作《真诚与原真》（*Sincerity and Authenticity*）。[21]其中他提到，“真诚”这个前启蒙主义（pre-

Enlightenment）文学中道德的核心要素，已在最近几个世纪中为“原真”所取代。他将文学作为主要分析案例，展现了原真性如何一步步与真实、进而与原作画上等号。几年后，哲学家查尔斯·泰勒（Charles Taylor）出版的重要著作《原真性的伦理》（*The Ethics of Authenticity*）中进一步阐述了瑟雷林的观点，并拓展了原真的概念。[22]在泰勒看来，原真性不仅建立了一个隐藏在自我实现背后的现代道德观念，而且提供了一幅关于更好、更高级的生活方式的愿景——“更好”或“更高级”并不取决于我们碰巧想要或需要什么，而取决于我们理应欲求之物的通行标准。[23]

更近期的作家比恩卡·博斯克（Bianca Bosker）——她是《赫芬顿邮报》的科技版主编——在其著作《原创的复制品：当代中国的建筑模仿》一书中指出，“原真”一词在中国文化中的意义并不相同。[24]她广泛援引艺术史、哲学等各不同领域的中国文化学者，一直追溯到明清时期，指出真品和赝品的区分在中国艺术和物质文化中并不存在，而“两者的可互换性一直被视为事物的‘天生’准则”。[25]博斯克继而揭示了中国仿制品泛滥的原因，以及为何中国近年来在其所谓“居住革命”中建造了数以千计的住宅小区，其中不少居住区中复制了埃菲尔铁塔、克莱斯勒大厦等地标，以及从威尼斯到贝弗利山庄等世界各地的知名街区。[26]博斯克的著述在不经意间颠覆了许多源于欧洲哲学传统的关于原真性的观念和价值。她所使用的复制建成环境的案例也很好佐证了她的论点，即中国人在传统上接纳流动的立场，反对真实与虚假、原真与复制之间的清晰分界。如此，她的书亦质疑了原真性话语在建筑批评领域的可行限度。

前面提到的邮票案例也引导我们质疑原作和复制的本质，以及两者间假想的道德等级。这是否仅仅是个与貌似真实（verisimilitude）的客观标准相关的混淆案例？如果说用复制品的图像替换原作变得如此容易——

尤其是出自邮政总局这样的政府机构，这究竟意味着什么？是否可以说这两尊自由女神像的差别已无关紧要，以至于复制的差异也不值一提？是否赝品如同复制品一样都是合法的？如果说面对诸如自由女神像这样级别的图像时，诚信都可不值一提，那么诸如“原作”“复制”“仿冒”“模拟”之类的词汇还有什么意义？类似邮票这样的当代实例，如何塑造本书的核心关切——即传统的研究？

这种意义政治中的一个核心要素，即前面围绕着邮票语境所使用的概念框架。换言之，某个词汇的源头（这里同时指向系谱和词源的双重含义）可以揭示一些不同于通俗使用意义的意涵。例如，纽约人便出乎意料地对这枚邮票产生了截然相反的两种立场。其中一则报道中，一位受访服务生在回应这一邮票争议时坚称，邮政总局理应采用“真实物件的照片”；而另一位纽约居民却认为，“实际上，那个仿制品看起来更棒”。[27]

通过前面的讨论，有人可能会认为，对原真性的渴求遍及现代生活的方方面面。相应地，原真性构成了一个重要概念，正是围绕着这个概念，我们针对传统和现代的诸多观念得以展开思辨和调试。传统的复兴——借助物质、社会和文化形式来将过去编目归档——实际上将现代性叙事构筑为一项可想象的、面向未来的工程。正如诸多对传统与现代这对概念的论述所指出的（可参见蒂莫西·米切尔和格温多琳·怀特的论著）[28]：传统这个概念的创生，就是被想象为现代性的一个至关重要的互补之物。这个过程不仅在时间层面发生——即传统链接着过去，现代则指向未来——同时也作用于空间层面，方式就是对建成环境的分类编目（categorization）。[29]

如果说原真性是传统与现代之间一片重要的话语场域，那么建成环境便是传统的复兴和现代的演绎同步发生的实体场所。[30]建成环境——或者说是广义上的“空间”——被认为是社会经验网络的关键部分，帮助铸造文化意识[31]。置于传统与建成形式的交叉路口，建成环境可以理解为一个“布景系统”（system of settings）或是一种“文化景观”（cultural landscape）。[32]这些概念凸显了建成环境在建筑史与城市研究的交叉学科领域中的关键角色，即作为价值、符号、权力关系和文化的中介物（mediator）。[33]

自由女神像和原作的观念

关于前面提到的邮票案例，我并不希望继续讨论如何发现真实物的所在并让其回归应有的位置，而更倾向于采取这样一个框架，将原真性问题置于原作与复制品之间不断摇摆的坐标轴中来讨论。为此，有必要先回顾这两尊雕塑的起源。

很少有人专门论述过自由女神像复制品的前世今生。这尊雕塑高约150英尺（约46米），是一座1997年开业的赌场大酒店的核心装饰物——这座酒店将整座城市作为其模拟对象。[34]在这样一个场景下，自由女神像的复制品变得如此受欢迎，以至于酒店后来还在雕像基础部分加建一座永久留念墙，来容纳访客留下的纪念品。材料上，拉斯维加斯的这尊复制品是由泡沫聚苯乙烯雕刻，外覆增强玻璃纤维干挂幕墙；[35]尺度上，它比赌场酒店中的其他纽约地标复制品都大——如布鲁克林大桥、帝国大厦和时代广场等，从中不难看出其随意引用的典型作风。尽管如此，这座酒店综合体的确营造了某种虚拟大都会的观感体验。或许我们很容易将纽约—纽约大酒店贬低为某种媚俗粗劣之作，但毫无疑问，它的吸引力并不如表面看来那么肤浅。实际上，它捕捉到了这座城市的纪念性，而剥离了实际场所的不悦与粗砾之感。就此而言，拉斯维加斯的“纽约”可作为那座现实城市的替身。例如，在“9·11”事件发生后的几天，酒店前也出现了不少纪念物和留言，以缅怀这场不仅发生在特定地点，同时也超越了现实城市的悲剧。

无论自由女神的复制品与原作有多像，纽约和拉斯维加斯的两个版本的历史渊源有本质上的差异。纽约的自由女神像由雕塑家弗雷德里克·奥古斯特·巴托尔迪（Frédéric Auguste Bartholdi）设计建造于1886年，位于纽约自由岛上，是为了庆祝美国独立100周年而建。这尊雕塑的设计意图是作为自由及共和主义美德的象征。不过，这尊雕塑的想法实际上源于拿破仑三世治下的法国第三共和国的政治动乱。根据其官方的编年史，这尊雕塑的资金来自国际捐款，在巴托尔迪的巴黎工作室中预制，并于1885年分为241块运往美国。[36]

将这尊雕塑放在纽约港入口处，也是其象征主义的核心要素——对于它的创造者及后代的观赏者而言都是如此。在这件作品的酝酿过程中，巴托尔迪周游美利坚，看到了华盛顿特区的国会大厦设计所使用的“古典主义传统”——这种传统以托马斯·杰弗逊（Thomas Jefferson）等人所喜爱的方式指向某个古典时代。[37]根据巴托尔迪的说法：

> 第一眼看到纽约港，我的眼前就已浮现出清晰无疑的设计方案……在美丽早晨珍珠般的柔和光线下，这座伟大城市及其宽阔河流的壮丽奇观缓缓浮现，一直绵延至目力所及之外……就在这里，应该矗立起一座自由的雕像，应该像它所承载的理念那样雄伟，同时照亮两个世界。[38]

对巴托尔迪而言——就像理查德·塞斯·海顿（Richard Seth Hayden）所指出的——雕塑所在的位置与雕塑本身一样重要。[39]

雅斯敏·萨布丽娜·卡恩（Yasmin Sabrina Khan）曾指出，“自由启蒙世界（Liberty Enlightening the Word）”这个概念——即这尊雕塑的官方初始名称——实际来自法国法官爱德华-雷内·勒斐伏尔·德·拉布雷（Édouard René Lefèbvre）。拉布雷著作等身，包括1855年至1866年出版的三卷本大作《美利坚合众国史》；19世纪70年代他还曾参与到第三共和国创始体制的艰难塑造之中。[40]他还是美国共和主义的公开仰慕者，随着美国内战结束和林肯遇刺，他建议应该树立一座献给自由的纪念碑，由法国和美国人民协力建造，作为两国友谊及共同理想的见证。

自由女神像一经建成，便成为当时世界规模最大的雕像。雕像高达151英尺（46米），矗立在一座154英尺（48米）的基座上。实际上，当时它是世界上最高的构筑物。这尊雕像是双方合力的结果，其中雕像由法国人制作，而基座则由美国人建造。[41]雕塑的外壳由310块铜板焊接塑形而成，内部由铸铁框架支撑。巴托尔迪选择铜作为主要材料，是因为它与青铜或石头相比较为轻质且便宜。它的内部支架出自工程师古斯塔夫·埃菲尔（Gustave Eiffel）之手，理念来自他此前的桥梁设计，其核心结构是一座铸铁桁架塔。雕塑基座的建筑师是理查德·莫里斯·亨特（Richard Morris Hunt），他是第一位在法国高等美术学院接受训练的美国建筑师。这尊雕塑的设计推敲始于仅4英尺（1.2米）高的赤土模型，此后逐步放大为石膏模型，最后才建成151英尺的最终版本。[42]在加戈—高提耶（Gaget Gauthier et Cie）工作室，工匠们参照巴托尔迪提供的三分之一大的模型，制作出足尺的石膏模部件。1876年，已完成的火炬及部分手臂被送至费城百周年纪念博览会。后来它又被运往纽约的麦迪逊广场花园进行展览，直到1883年才返回巴黎。自由女神像的头部在1878年的巴黎国际博览会闪亮登场，但直到十年后，整尊身躯才得以完工。[43]

最后，巴托尔迪不得不通过售卖微缩版纪念品来支付这座雕像的高昂造价。也就是说，雕像的复制品使得原作的落实成为可能——这样一个有趣的设计到制造的模式，使得原作与复制品的秩序变得更加复杂。1901年，一尊缩小版雕像甚至被放到巴黎圣心教堂面前，作为民族主义的世俗纪念碑。

这段历史说明，这座雕像的原作——它的存在始于其所有零碎片段远渡重洋拼凑完整之后——是经过了原作与复制品之间的复杂互动才得以完成，这个过程比拉斯维加斯的复制品要早上一个世纪。自由女神像的欧洲源头，也引出了一个更为复杂的符号学语境下的主题串。就像理论家让·鲍德里亚和翁贝托·埃柯所论述的，这一现象强调了“复制”（duplication）、“仿真”（simulation）和“模拟”（mimicry）在根本上是个美国文化现象。[44]尽管自由女神像原作位于纽约、当代复制品位于内华达州，但这尊雕塑的原型是在巴黎构思并预制的。这尊雕塑最终形成的轨迹并不是线性的，它的建造采用部件拼装的方式，而它的资金来源更是无法预测——这都是一件拥有此等规模和雄心的作品可以预料的问题。

拉斯维加斯这尊复制品的本体论意义上的存在，也因世界各地的数十尊类似复制品而变得愈加复杂。其中包括在美国布鲁克林艺术博物馆门前树立的一尊9米高的复制品，建于1900年。移至这座博物馆之前，它在1902年至2002年皆立于曼哈顿中城八层高的自由货栈大楼之上。同时，海外还有一尊复制品尤为值得一提，那是一尊较小尺幅的青铜自由女神像，位于巴黎的卢森堡公园。这尊雕塑制于1870年，实际上比纽约的版本还要早20年。因此，它的存在让纽约港那尊雕塑的“原作”地位变得愈发难测。这个例子足以彰显，从艺术领域来看，复制品和原作之间的问题往往显得模棱两可。

在遗产内涵的定义过程中，重振传统的话题变得再显著不过。和传统一样，遗产不仅意味着与“过去”的某种延续性，而且这个“过去”必须是历史认定的。然而，正如埃里克·霍布斯鲍姆和特伦斯·兰杰所强调的，“那些看似或声称古老的传统，往往历史很短，有些还是新发明的”。[45]霍布斯鲍姆和兰杰所提出的“发明的传统”观点，意味着传统与现代之间的区分原本就是人为建构的，而原真性作为独创性的代名词，或是划清界限的标志，总是值得怀疑。然而，传统和遗产——无论是恢复的还是修复的、发明的还是制造的——都在民族国家的塑造以及基于怀旧的认同感的构建中至关重要。此外，从经济学的立场而言，遗产地也已成为一种无价资产，社区、城市、民族皆可从中获取象征资本和经济利润。随着遗产地在资本主义晚期变得愈发商品化和商业化，遗产的原真性也就成了一个理所当然的概念——它的意义是假定的，却不是精确的。[46]

毕加索的《格尔尼卡》：消费现代性时代的复制品

在艺术领域，帕布罗·毕加索（Pablo Picasso）的壁画《格尔尼卡》（*Guernica*）——该名字源于西班牙内战时期遭到统帅佛朗哥的空军轰炸的巴斯克小城——显示了一个复制品被等同于原作的案例。《格尔尼卡》最早在艺术史上露面，是在阿尔弗雷德·巴尔（Alfred Barr）策划的一次展览：即1939年11月在纽约现代艺术博物馆（MoMA）举办的“毕加索：艺术生涯四十年”大型回顾展。这次展览让这幅画成了毕加索作品集中的重要组成部分（图9.3）。[47]这次展览的曝光度让《格尔尼卡》及毕加索的初始草图得到了全球性关注。而这件作品的象征意义及隐含结构也就此成了辩论和诠释的焦点。例如，有人将画中的公牛视为佛朗哥政府狂暴行径的象征，而马的形象则隐射着西班牙人民所受的煎熬；还

图9.3 帕布罗·毕加索创作的《格尔尼卡》原作

有人认为，公牛代表了坚强不屈的西班牙人民，而马则预示了佛朗哥政权的终结。[48]鲁道夫·安恩海姆（Rudolf Arnheim）作出了一个更聪明的解读，即这幅画的实际意涵无法被证实或证伪，因为“它不是关于毕加索的宣言，而是关于世界境遇的宣言”。[49]毕加索也曾如此说道：“我画的不是这场战争，因为我不是那种像摄影师一样去现实中寻找描绘对象的画家。但毫无疑问，这场战争就在我画过的画作之中。”[50]

《格尔尼卡》随之进行了全球巡展，最初的那幅壁画也走遍全球，为和平、正义及自由呐喊。就在这幅画于1937年巴黎世博会中揭幕后不久，它就在斯堪的纳维亚和英国进行了深度巡展。[51]然后随着“二战”爆发，它几乎一直保存在纽约现代艺术博物馆。1953年，这幅画回到欧洲，在米兰、巴黎、慕尼黑、阿姆斯特丹和圣保罗巡展，最后又回到纽约。[52]1981年，《格尔尼卡》被归还予西班牙，藏于普拉多美术馆，直到1992年移至索菲亚皇后国家艺术中心。

显然，这件作品的强大影响力仍在持续。2003年，一件以《格尔尼卡》为摹本的挂毯再次引发争议。作为伊拉克战争的“造势”活动的一部分，这件悬挂在联合国安理会前厅的挂毯正式揭幕。联合国官员不得不向媒体解释，它并不是“一个恰当的背景”。[53]根据联合国新闻官弗雷德·埃克哈德（Fred Eckhard）的说法，或许一块蓝色幕布都要比毕加索画作的挂毯更为合适。于是，这块混杂着阴影与明亮色调的蓝色幕布，作为电视直播的背景，见证了美国国务卿柯林·鲍威尔（Colin Powell）宣布伊拉克战争开战（这场战争至今仍未结束）。[54]还有人辩驳道，此般掩饰简直是一个由“信以为真”之人掩耳盗铃的“谜团”。[55]不过对此处的论述而言更有意思的问题是，表征政治（politics of representation）如何与伦理政治（politics of ethics）密切相关（图9.4）。

处于激辩中心的《格尔尼卡》并非毕加索之原作。它只是一件挂毯形式的复制品。但人们对于这件挂毯（或者说是这些挂毯，因为存在好多件复制品）的源头及传播却有多种矛盾的看法。大多数人（例如E·黑里格、R. 达尔切尔、L. 达尔切尔）认为，[56]这件挂毯的委托人是工业大亨小约翰·D. 洛克菲勒（John D. Rockefeller Jr.）。在这个故事中，据说是洛克菲勒预见到挂毯作为一个有效的表达媒介及收藏品的价值，希望将

图9.4　根据毕加索1937年的画作《格尔尼卡》创作的挂毯（羊毛织物），杰奎琳和雷内·德·拉·杜巴赫，1955

它加入自己的收藏库之中——其中既包括原作，又有原作的挂毯复制品。于是，他委托法国织物艺术家杰奎琳和雷内·德·拉·杜巴赫（Jacqueline and Rene de la Dürrbach）重新创作了三件《格尔尼卡》的复制品。

挂毯故事的另一个版本，认为毕加索自己就是挂毯的作者，而杜巴赫只是他的代笔。正如小约翰·D. 洛克菲勒之子尼尔森·A. 洛克菲勒（Nelson A. Rockefeller）所言，“我从沃利·哈里森（Wally Harrison）（联合国总部大厦的总建筑师之一，那座大厦也是这幅挂毯的揭幕之处）那里得知，有人根据毕加索在《格尔尼卡》原作之后创作的一幅草图制作了一块巨大的挂毯。”毕加索亲自挑选了挂毯所使用的织线颜色，并监督了织作过程。看到这幅挂毯的那一刻，洛克菲勒便决定买下它。然而这一购入行为却引发了现代艺术博物馆馆藏主任阿尔弗雷德·巴尔的担忧，因为他听说“这只是那幅20世纪最伟大的画作之一的变形复制品”。然而巴尔第一次看到这幅挂毯之后，便彻底改变了想法。洛克菲勒回忆道：

> （巴尔）意识到毕加索创造了一件全新的艺术作品，专为挂毯形式而设计。原作的主题巧妙出色地适应于不同的媒介，由此诞生了一件独一无二、具有惊世之美的艺术作品。[57]

无论事实真相如何，《格尔尼卡》的复制品皆为20世纪初兴起的挂毯复兴运动的产物，这使得这种媒介从过去对画作的模仿，转变为一种具有自身语言、色彩和材质的艺术形式。[58]挂毯复兴运动的开创者之一是玛丽·库托莉（Marie Cuttoli），她于1930年创立工作室。与她合作的挂毯设计者包括多位现代主义绘画大师，如乔治·布拉克（George Braque）、安德烈·德朗（Andre Derain）、劳尔·杜飞（Raoul

Dufy）、胡安·米罗（Joan Miro）、帕布罗·毕加索和乔治·鲁奥（Georges Rouault）。到了20世纪30年代中叶，库托莉工作室的织工已完成十余件挂毯作品，在巴黎、布鲁塞尔、斯德哥尔摩、伦敦及美国各地展出。[59]当画家成为挂毯设计者，挂毯这种艺术形式便获得了更高的合法性，挂毯也成了画作的忠实而高贵的复制品。[60]

毕加索一直愿意抓住新技术带来的可能性，据说他也一度着迷于挂毯织工的精湛技艺。[61]他在1951年第一次见到杜巴赫的作品，到了1954年，他们共同创作了第一幅基于毕加索画作的挂毯。[62]1955年，他们织出了以《格尔尼卡》为蓝本的三幅挂毯之一。在创作的初始，《格尔尼卡》挂毯只是"参照了这幅原作的一次意大利巡展的海报"。[63]但后来，挂毯的参照物转变为原作本身，因为后者碰巧在巴黎装饰艺术博物馆展出。在这次展览中，挂毯织工得以近距离观察画作并调整设计。他们在每天博物馆开门前的清晨工作，从而得以"对（为挂毯制作的）画作复制品作出必要的修正。"[64]接着，毕加索又做了若干修改，便准许织工开始编织挂毯——这一编织过程长达六个月。杜巴赫将完成的挂毯呈递给毕加索，并于1955年11月在昂提布博物馆公开展出。挂毯共使用了11种色彩。第一个版本是无边挂毯，第二幅则遵照毕加索要求加上了赭石色的压边。[65]1955年，杜巴赫与毕加索签订了一份协议，协议允许前者总共创作三幅挂毯，毕加索也将作为作者而分得挂毯售价的10%，其余90%归杜巴赫工作室所有。[66]

这个案例中，《格尔尼卡》令人信服地例证了《牛津英语词典》中对于"复制品"（replica）的定义："某件艺术作品的复制品或副本；尤其是由原作艺术家本人制作的复制品。"[67]因此，挂毯就是一件"足尺的忠实复制品"。[68]正是这样的作品，被埃柯嘲弄为美国式品位的结构要素，也是它让原作显得无关紧要。[69]

无处不在的复制品：亚洲的案例

泰姬陵，这座1631年由沙贾汗（Shah Jahan）为其挚爱的亡妻玛哈尔建造的大理石陵墓，曾被诺贝尔奖得主拉宾德拉纳特·泰戈尔（Rabindranath Tagore）誉为“时间脸颊上的一滴泪”。[70]这座位于印度阿格拉的莫卧儿风格标志性建筑，也曾引发多座复制品。其中包括孟加拉国的一座“泰姬陵”，由孟加拉电影制作人阿萨努拉·莫尼（Ahsanullah Moni）斥资5800万美元打造。这座复制品位于伊萨汗（Isa Khan）的孟加拉王国故都索纳尔冈①（Sonargaon）（图9.5）。莫尼曾声称：

图9.5　孟加拉国索纳尔冈的泰姬陵复制品

① 译者注：索纳尔冈，孟加拉国中部城市，是孟加拉地区重要的历史文化中心，也是一个热门旅游目的地。

> 我是为穷人而建。他们无法长途旅行以目睹这座世界奇迹。我也希望这座纪念物的建造，能吸引来自国内外的更多旅行者[71]。

为了建造这座“泰姬陵”，莫尼派遣建筑师赴印度复制原作的尺寸。然而复制品与原作的尺寸差异很大，例如四周的尖塔明显比原作显得矮胖。这个项目也激起了不少争议。印度驻达卡大使馆的发言人便表达了一种普遍的不悦：“你不可能随心所欲地复制历史纪念物。”[72]然而，孟加拉国官员却对那些斥责莫尼的“泰姬陵”侵犯版权的声音不以为然。“我不清楚他们在说些什么。请告诉我哪里写着仿造一座建筑是违法的？”[73]此外，尽管莫尼声称孟加拉国的“泰姬陵”是由意大利青铜、大理石和花岗岩以及比利时钻石所建，网友却细心发现，这座复制品实际使用的材料是浴室瓷砖。[74]

另一个类似的仿造建筑环境是中国的天都城。这座法式风情街区借用了法国的经典图像、景观、地名甚至风俗，以创造一个具有说服力的幻景。进入这座“东方巴黎”，访客首先会看到一座105米高的“埃菲尔铁塔”——这是世界第二高的埃菲尔铁塔复制品——从杭州的阴霾中径自升起。街区的主广场名为“香榭丽舍”，它根据巴黎的著名大街而命名，广场中有一座接近真实尺度的“观象台喷泉”（复制于巴黎卢森堡公园的“地球四部喷泉”），而“塞纳河与马恩河女神”雕塑就矗立在喷泉前。[75]花园景观遍布整个街区的居住和公共区域，包括精心维护的花坛、修建得当的树篱以及模仿16世纪法国古典主义花园的几何图案（图9.6）。山顶上坐落着一座米黄色教堂，游客可搭乘一架由身着高帽与燕尾服的车夫驾驶的豪华法式马车一路前往。在教堂中，一位中国“神父”身着牧师标准的黑袍白衫，站在悬挂十字架的祭坛上主持着西式婚礼。在这座中国“巴黎”的“埃菲尔铁塔”近旁，是一座仿照凡尔

图9.6　中国杭州天都城，图中可见阿波罗马车大喷泉及埃菲尔铁塔的复制品

赛宫园林修建的花园，还有一座法国南部城市尼姆的古罗马竞技场的复制品。天都城的开发者随心所欲地从法国各地撷取标志物，并且不考虑任何地理准确度地将它们拼凑组装起来。[76]

“威尼斯水城”是另一个位于中国杭州的地产开发项目。就像在意大利威尼斯一样，这里的住宅建筑皆粉刷成橙色、红色和白色，窗户由尖拱券装饰，阳台上环绕着白色栏杆。这些建筑融合了哥特式、威尼托—拜占庭式以及东方装饰母题，脚下是一片人造运河网，运河上的船夫驾驶着贡多拉在石桥间徐徐穿行（图9.7）。这片居住区的中心是仿制的“圣马可广场”，还包括“公爵宫”及“圣马可钟塔”；一对立柱上矗立着圣马可狮和圣阿玛西亚·特奥德罗（威尼斯的主保圣人）的雕塑；外覆以华丽的瓷砖纹饰（图9.8）。[77]正如比恩卡·博斯克所言，“威

图9.7　中国杭州的“威尼斯水城”

图9.8　“威尼斯水城”广场的圣马可钟塔及公爵宫

尼斯水城”中宽阔的街道和八、九层高的住宅会让“现实”威尼斯的中世纪巷道及五层高建筑相形矮小。然而，并不是每个复制的标志物都被同等放大：尽管“威尼斯水城”中的住宅比现实原版要高上许多，但这里的钟塔比圣马可广场的要小得多。而且，公爵宫的复制品过于整洁，而缺乏原作的色彩不均、微小变形及其他岁月赋予的特征。此外，这些复制模板皆来自某个特定历史时期，却几乎没有任何当代欧洲建筑的痕迹被嵌入到这些复制的古迹之中。[78]

第三个来自中国的案例是“泰晤士小镇”——一座位于上海郊区的英伦主题街区。就像售楼手册中所宣称的，当你来到“泰晤士小镇”，你便进入了“一片贵族的封地，一个高贵的世界”。这座英式小镇中可以看到英国标志性的红色电话亭、穿着模仿女王卫兵服饰的保安、温斯特·丘吉尔的雕像、模仿泰晤士河的人工运河——这座小镇看起来几乎能够以假乱真（图9.9）。其商业区域皆布置着符合欧洲餐饮及娱乐口

图9.9　中国上海的“泰晤士小镇”主广场：保安穿着模仿英国女王的卫兵

味的商店。咖啡店只供应西餐，如牛排、水煮蛋和欧式点心。在摇滚乐酒吧，顾客可以享用鸡尾酒、各种红酒以及现场乐队演奏。酒吧内饰木板，皆来自英式小酒吧的装饰灵感。这座小城的教堂也成了很多中国新婚夫妇的婚纱照背景。实际上，教堂前的这块场地常被用作结婚酒会的餐桌，桌上装饰着假的结婚蛋糕、一瓶香槟以及一个花篮，这些装饰品长期放在那里。[79]“泰晤士小镇”就像其他很多类似的中国居住区一样，其设计目的是让中国人无须离开祖国，便可体验在国外居住的感受。这也为中国公民免除了外国语言和文化带来的挑战及艰难生活。博斯克访谈的一位来到泰晤士小镇的游客说，她到这座仿英伦风格小镇的原因是：“这是一种无须出国便可以体验国外生活的方式。我在这里感到很放松，这里的氛围十分新奇。”[80]

圣塔菲：建成环境中原真性的发明和“传统”的塑造

圣塔菲（Santa Fe）位于美国新墨西哥州，根据2010年普查数据仅拥有68000人口，但每年这里可以吸引一两百万名游客。然而，正如我在之前的作品曾指出的，这显然是一座“仿冒”原真的城市——这一特质在与拉斯维加斯的“原真”赝品并置时最为凸显。[81]尽管该地区“普韦布洛①（pueblo）”的土坯造型可能有其历史渊源，但这些看似正宗的土坯建筑实际却由水泥和木头建成，只是外立面伪装成黏土（图9.10）。其中一个原因是圣塔菲市的领导者在20世纪初开始致力于发展旅游和艺术，鼓励

① 译者注：普韦布洛（pueblo），是美国西南部与墨西哥邻近地区的印第安人聚落的一种典型住屋形式。该词源自西班牙语，意为“村子”，是早期西班牙殖民者对新墨西哥地区原住民住屋的统称。普韦布洛通常由晒干的黏土砖筑成，高可达四五层，围绕一个中心庭院布置，逐层缩进而形成类似锯齿形的金字塔状建筑，下层屋顶即为上层平台。

图9.10 圣塔菲的洛雷托旅馆：使用灰泥粉刷来模仿夯土墙材质

并逐步强制当地人遵循这种土坯建筑风格，逐步形成了今日所见的城镇风貌。这种建筑一度被称作“圣塔菲风格”，这种假定的遗产也被用来定义这座城市的身份。[82]然而，这种建筑遗产与功能性脱离，它与遗产理念的关系也同样是值得质疑的。

这座一度被视为“异类城市”的城市，最近将自己包装为“美国最古老的州府”。[83]后一个称呼展现了“发明的传统”所发挥的重要作用——就如埃里克·霍布斯鲍姆和特伦斯·兰杰所阐释的那样。[84]“发明的传统”之所以重要，不仅因为它们能够援引过去，而且可以撷取任意被认为有历史价值的过去。圣塔菲将自己的历史追溯至1610年——也就是美利坚合众国形成之前；在西班牙人的统治下，它被宣布为地区首府。而在20世纪初，这座城市的商业部门又将圣塔菲包装为“美国最古老的城市”，这般宣称显然是胆大妄为。但对城市里的某些人而言，以负面新闻来推广城市也很受用。2005年，圣塔菲市获得联合国教科文组织颁发的“设计、手工艺与民间艺术之城”称号。[85]联合国教科文组织的这个创意城市网络共包括29座城市，分布于七个文化领域（文学、电影、音乐、手工艺与民间艺术、设计、媒体艺术、美食）。除了圣塔菲之外，其他加入手工艺与民间艺术类别的城市还有：埃及的阿斯旺、日本的金泽，以及韩国的仁川。

圣塔菲距离它所声称的西班牙渊源其实很遥远。它在本质上是美国的，尤其是它擅长从美国人对边远地区及狂野西部的幻想中获取利润，并恰到好处地在建成环境中调用种族话题。如亨利·托比亚斯（Henry Tobias）和查尔斯·伍德豪斯（Charles Woodhouse）所言，支持者早在20世纪初便开始关切这座城市的风貌问题。[86]1912年，市长亚瑟·塞里格曼（Arthur Seligman）创建了圣塔菲中心及城市规划委员会，该委员会为城市发展勾勒了基本框架和路线。委员会认为："在被列为老街或古街的街道上……任何建筑要想获得建造许可……都必须确保它会在立面上遵循圣塔菲风格。"这份报告继而强调了建筑的重要性：

> 不可否认，只有在城市建筑发展中维持历史风貌的统一和谐，圣塔菲的城市魅力才能得到保护和提升。我们坚信，应付诸一切努力来形成这样一种强有力的公众共识，即圣塔菲风格必须永远支配一切。[87]

委员会还建议改用西班牙行政区划方式，以标识这座城镇的西班牙根源——尽管当时正在使用的都是英文地名。

巴拿马—加利福尼亚世界博览会①（Panama-California Exposition）

① 译者注：巴拿马—加利福尼亚世界博览会，是为庆祝巴拿马运河开凿通航，于1915–1917年在美国加利福尼亚州圣迭戈市举办的一次博览会。这次博览会与旧金山的巴拿马太平洋万国博览会几乎同期举办，但规模较小，是两座城市与美国政府博弈的结果。

提供了一次试验圣塔菲式美学的难得契机。例如后来的新墨西哥州博物馆——圣塔菲美学的重要塑造者——便是1917年圣迭戈博览会中一座展馆的复制品。根据克里斯·威尔逊（Chris Wilson）的说法，“圣塔菲风格”就是在1912年至1916年间由新墨西哥州博物馆发明的，以此赋予这座城市统一的市民认同、吸引游客的基础以及为英裔美国人创造浪漫化形象的能力。整体上，这座博物馆试图将圣塔菲营造为一座“诗情画意的古老城市”。[88]博物馆员工采纳了“城市美化运动①”的原则：建筑应作为城市促进旅游发展、扭转经济衰退的核心手段。市商务部门不仅将圣塔菲推销为又一座“美丽城市”（City Beautiful），更是一座“异类城市”（City Different）。[89]1912年的城市规划也将“圣塔菲风格”描述为一种区别于加利福尼亚教会风格（California Mission Style）的本土风格，只不过两者的区别基本停留在修辞层面。[90]

正是此般圣塔菲之“谜”，为经历着社会经济剧变的城市和地区提供了一定程度的延续性。[91]威尔逊曾指出，圣塔菲的统一风貌实际上是建立在“历史失忆症”的实践基础之上，即“对过去暴力镇压的无视、对种族及文化混合性的否认、对现代社会痕迹的抹杀”。[92]其中，后者包括刻意地隐藏城市中的现代生活基础设施，以营建一种特定而统一的古朴风貌。如威尔逊所言，消费导向的旅游进一步促进了“肤浅及虚假图像”的增殖，由此，城市“借助刻意为之的修复、对美国化符号的抹除以及建筑设计的历史风格引导，井然有序地转变为一片和谐的普韦布洛—西班牙式（Pueblo-Spanish）幻景。”[93]

---

① 译者注：城市美化运动，于19世纪末至20世纪初在北美兴起的城市规划和建筑运动，以芝加哥、底特律、华盛顿特区等城市最具代表性。上流阶层认为通过城市的美化和宏伟纪念性建筑的修建，有助于提升整座城市人口道德和素质水平。

拉斯维加斯：原真的环境

拉斯维加斯是“制造遗产”现象最显著的案例。在这里，一切原真或真实的装腔作势皆被抛到脑后。拉斯维加斯的标志性图像皆来自于复制的诡计——这就是鲍德里亚所谓的“拟象”（simulacra），或是一种“基于无关真实的‘某种真实’模型的现实”（reality based on models of ‘a real’ without reality）。[94]不过，在承认另一种真实正在解体的同时，拉斯维加斯作为美国工会力量最强势的城市之一，也堪称“最后的底特律”。[95]通过对原真性场所的模仿，拉斯维加斯拥有了一座假的斯芬克斯像和一座微缩的埃及金字塔、一套独立的威尼斯运河、一座缩小版的凯旋门和一座埃菲尔铁塔。拉斯维加斯充分认识到“奇观”如何深度塑造着美国的经济和社会，因而能够充分发挥其满足美国中产阶级需求和品位的能力。拉斯维加斯的独特之处在其标志性的可变性，以及重新包装自我的能力，这也解释了为何这座城市缺乏任何固定形象或身份。在这里，“一切皆不真实”被视为得以确保其生存能力的重要资本。[96]

罗伯特·文丘里（Robert Venturi）、丹尼斯·斯科特·布朗（Denise Scott Brown）、史蒂文·艾泽努尔（Steven Izenour）颇有先见之明地写道：

> 拉斯维加斯沿街住宅展现了象征主义与暗示在开阔空间和高速运行的建筑学之中的价值，证明了人们，乃至建筑师，都可以从这样一类建筑中得到快感——这种建筑让他们浮想联翩，或许会想起伊斯兰后宫，或是狂野西部……[97]

然而，拉斯维加斯的援引式结构也在过去二十年间变得更具世界普遍意义，让人想起鲍德里亚所定义的“生产的狂喜和现实的增殖”。[98]例如，在巴黎—拉斯维加斯赌场大酒店中也有一座“埃菲尔铁塔”。“埃菲尔铁塔是欧洲最著名的地标之一，而这座埃菲尔铁塔复制品作为拉斯维加斯天际线的标志，只是那座欧洲原作的一半大小。”[99]同时，位于原沙滩酒店场地上的威尼斯人赌场大酒店，则拥有意大利威尼斯的圣马可钟楼的复制品。卢克索—拉斯维加斯大酒店，则根据古埃及底比斯古城的所在地命名。它骄傲地拥有一座三十层高的金色玻璃金字塔，一座140英尺（43米）高的方尖碑，以及一座巨大的斯芬克斯雕像。纽约—纽约大酒店则通过创造性的时空拼贴，让人想起现实中纽约的天际线——这里可以找到帝国大厦、克莱斯勒大厦、惠特尼艺术博物馆以及中央车站。

至于如何通过空间来思索原真性的问题，我在早年编写的《消费传统，制造遗产：旅游时代的全球常态和城市形态》一书中提到，人们愈发强烈地需要建成环境能够营造独特的文化体验。作为对不断强化的全球流动性的一种抗力，人们重新开始强调场所及地方的差异性。制造遗产的实践方式可如下归类：它们基于一种与文化类同的图像学，是借助视觉性建立的历史纪念物，是对收益而非真实性的强调。[100]实际上，旅游发展暴露了许多原真性的悖论——它不仅是一个理想状态，也是一种现实追求。另一方面，旅游建立在对原真性体验的渴求之上，即看到生活的真实状态。但作为消费视觉经济的一部分，旅游也培育出一种肤浅的介入。今天那些看似正宗之物，很可能只是一场原真性或本地性的演出，文化和场所在其中被边缘化、理性化、秩序化和贫瘠化。如今，场所的再现——包括人、地理、文化和自然——在视觉经济中愈发重要，这种经济形态将资本主义的政治经济学与空间的审美化及文化历史的挪用联系起来。[101]在这个意义上，拉斯维加斯传递出的信息非常真诚。它从未试图遮掩。因此，拉斯维加斯“原真的赝品”（authentic fakery）也就揭示了圣塔菲“仿冒的原真”（fake authenticity）。[102]

原真的赝品与仿冒的原真

我在前文已提到，圣塔菲的传统土坯住屋形式尽管根植于地区历史，却以水泥和木结构的建构方式仿冒土坯；而这座城市看似统一的历史风貌却是依靠20世纪初的一系列城市规划工程才规范化的。实际上，今天我们所知的“圣塔菲风格”，是在1910年至1920年之间才由新墨西哥州博物馆所定义的。故而，根据威尔逊的说法，这座城市为了借助旅游来复兴地方经济，才提供了“一种罕见成功的原真性幻想”。[103]

建成环境既是空间性，也是视觉性的。因而原真性的意义对于那些基本为人工塑造的文化景观中的场所而言，决定了场所的分类（classification）和表征（representation）体系。原真性制约了关于场所的知识（knowledge），并且支撑了与这种知识相关的价值。非物质遗产与物质遗产的区别，一定程度上就在于原真性的内涵，以及物质性的差异。不过，在这个不断扩大的遗产范畴中起同等作用的，是权力（power）和知识的联结——那些规划、保护、建筑（也包括历史、人类学）领域的专家，他们有能力修复场所、规则、习俗并将其分门别类。这样的分类学说明，原真性并不具备本质性或实体性，而是由具体语境所驱使的——甚至在很大程度上是可塑的。场所或物件都并非天生就是原真的。相反，遗产和原真性都只是拥有特定视觉标志（如纪念物或景观）的阐释性范畴，它们也隶属于由意义、实践和内涵组成的多重体系。正因如此，原真性与传统被视为一种稳定、积极的结构，与深厚的历史相连，随之也被视为动态且不断变迁的现代性的对立面。[104]

尽管原真性在本质上来自人为塑造，但它仍持续作为一个韧性的概念，是地方性和身份认同生根发芽的土壤。然而，就像前文探讨所展示的，决定原真性的往往是一个参考系框架。

为了说明这种情况，我在本章末尾将用三个案例来说明复制品的意义如何逾越至原作之上。在1998年开罗举办的国际传统建成环境研究会（IASTE）的田野考察中，我正站在吉萨高原的金字塔脚下，耳边传来一位参与者的叹息，说吉萨的斯芬克斯雕像“太小了”。原来，这位参与者来自拉斯维加斯的内华达大学。他平日总把车停在正对卢克索赌场大酒店的一块停车场，大酒店的玻璃金字塔前有一座放大了三倍的斯芬克斯像。在吉萨的斯芬克斯像面前，这位教授流露出的失望并不是因为原作的现实模样不符合预期。相反，现实已不再相关，因为复制品才是他的主要参考源。在这个案例中，尽管原作和复制品同时存在，但复制品却成了原作的参考框架。

中国沈阳的“新阿姆斯特丹”（如今已被拆除）灵感来自荷兰，它在中国重新塑造了阿姆斯特丹及其周边区域的街道、运河、桥梁及运河住宅。[105]这座位于中国北部、占地545公顷的城市综合体，拥有诸多重要荷兰构筑物的足尺复制品，包括海牙和平宫、穆登城堡、诺尔登德宫、阿姆斯特丹市政厅、阿姆斯特丹中央火车站，以及大量风车、船屋，还有一架“配备钢炮的轻巡洋舰复制品”。[106]魏玛包豪斯大学的批评家迪特·哈森普夫卢格（Dieter Hassenpflug）对此发出惊叹，因为“新阿姆斯特丹”重塑的“原真的街灯、垃圾桶、街道标识”皆帮助创造出一片“模拟的城市景观”。[107]然而，“新阿姆斯特丹”复制的只是荷兰标志物的某些历史片层。而荷兰首都的千禧塔、派松桥、尼莫科学中心等都无法在这里看到。“新阿姆斯特丹”的荷兰风格“与当下是错位的：它只是封建王朝时期、贵族政治时期的荷兰，而不是21世纪的大都会”。[108]在这里，复制品成了唯一的体验原作的方式（图9.11）。

近年来，开罗老城区的愈发博物馆化导致了贸易活动的消失、居民生活方式的改变，老城中的体验也发生了本质转变，愈发接近于一个迪士尼式主题公园。实际上，老开罗正变得与其虚构的景象愈发相似。讽刺的是，它似乎也从中寻觅到了新的生存方式。19世纪末，建筑师迈克思·赫兹（Max Hertz）接到委托，为芝加哥的哥伦比亚世界博览会设计一条复制的开罗街道。为了确保其建筑中一座萨比尔—库塔布喷泉（sabil-kuttab）复制品的原真性，赫兹毫不犹豫地去往当地真正的那座萨比尔—库塔布喷泉，拆下它的窗户和立面贴砖，然后运回美国，拼装在复制品上——尽管这座复制品只是在表面上看起来和原作一样。然而，

图9.11　中国沈阳的新阿姆斯特丹小镇广场：阿姆斯特丹中央火车站的复制品

命运就此发生扭转，当埃及真正的萨比尔—库塔布喷泉在20世纪初及后来陆续经历维修时，修复者却几乎没有什么历史依据，不得不依赖芝加哥博览会的复制品照片及其建造过程中的图纸。如此过程中，开罗逐渐变得像它那个“想象的自我”，并且从其复制品中衍生出新的原真性。[109] 在这个例子中，复制品成了原作的再造及维护的唯一参考框架。

可见，建筑的原真性不仅依赖于它的历史、地点或材料，还更多取决于它和复制品的联系，它不得不借助后者的帮助来重溯自身的本源。这就好像当威尼斯沉入大海，它唯一的意义将只存在于拉斯维加斯的威尼斯人赌场大酒店的复制品之中。那么，这会是传统的终结吗？

（黄华青　译）

第十章
传统与虚拟

在瓦尔特·本雅明作于20世纪30年代的重要论文《机械复制时代的艺术作品》之中，他评论了因机械复制技术发展而开启的新时代。他认为，新时代围绕艺术品的“光环”丧失，正导致“艺术的全部功能”遭到“反转”——从基于仪式转向基于政治。[1]本雅明进而指出：“人们已浪费诸多无用的思绪来辩论究竟摄影是否算是艺术。而最核心的问题却未被提及——即摄影术的发明本身是否已改变了整个艺术的本质。”[2]

在本雅明的时代，的确是摄影术的发明标志着技术进步带来的认识论断层。而在20世纪晚期到21世纪初，则是因特网、闭路电视和数码游戏的普及，在引发我们质疑过去思考现实的熟悉方式。无论如何，本雅明的问题回荡至今。我们无须浪费力气去追问虚拟究竟能否，或在何种精度上代表现实，而更应先认识到，虚拟的出现已在根本上转变了我们认知当下现实的方式。在这里，传统再次成为一个有效的分析工具，帮助我们理解虚拟和现实之间不断衍变的意涵和边界。

定义虚拟与现实

在《虚拟的回归》①（*The Return of the Virtual*）一文中，罗伯·希尔

---

①译者注：该文是罗伯·希尔兹的著作《虚拟》（*The Virtual*）一书的序言。

兹（Rob Shields）认为虚拟的定义应与美德的概念相关，具有“制造结果、塑造影响的能力”。[3]他针对普遍接受的虚拟概念进行了辩驳——即认为虚拟代表着“缺席、不真实和不存在”——转而提出，虚拟有其自身的生命，让我们得以质疑通常在虚拟和现实之间划定的边界。

在希尔兹看来，虚拟世界由一系列阈限空间（liminal space）组成，这类空间立在“门槛”（threshold）上，处在这里，你既不“在内”亦不“在外”。阈限空间可以囊括以下这些现象，如因特网、度假酒店、主题公园和特殊事件。虚拟恰符合“类阈限”（liminoid）的定义，因为“（它的）参与方式是临时性的，不同于普遍的‘日常生活’的观念”。[4]在这样一种对虚拟的认知中，真实与非真实这样的二元论不再重要。根据希尔兹的论述，历史中的虚拟的核心作用，是通过信息传输来创造入口，从而让缺席之物重新在场。

是什么调和了虚拟与现实的关系？希尔兹认为，尽管虚拟本身对于文化生活而言并不陌生，但它的创新性却来自它与数字领域的关联。这里需要先引入马歇尔·麦克卢汉（Marshall McLuhan）关于媒体的讨论。在他的重要论文《媒介即信息》中，麦克卢汉声称，认知（knowing）和存在（being）的传统二元论不再如此相关，更重要的是他在论文标题措辞中表达的这种“操作性和实践性”事实。他进一步解释道，“‘媒介即信息’，因为正是媒介塑造和控制了人际关联及行为的尺度和形式。”[5]

在麦克卢汉看来，内容不再是通讯中最紧要的层面。相反，通讯所使用的技术或媒介才在根本上转变并重构了时间及空间，以及我们对存在和秩序的观念。因此，任何新的媒介都展现了旧秩序所不能带来的认知和理性。如此，麦克卢汉的媒介概念似乎也应和了这样一个概念，即形式——而非内容——具有变换的能力。根据他对每一种媒介作为形式而非内容的力量的讨论，我们很难再评判某种媒介的好坏。

让·鲍德里亚进一步推进了麦克卢汉的讨论，他指出媒介的力量如何渗透到现实生活中，甚至到了我们无法察觉其存在的地步。实际上，日常生活只是“虚拟现实”的一个例子。换言之，虚拟从现实生活中抽离的方式，使它很难再独立于现实存在。正如他所言，“虚拟的相机存在于我们的脑海”，“媒介本身已经渗入生活，并成为一种普遍的透明性仪式。”[6]“将已媒介化的（mediatized）转换为不可媒介化的（immediatized），也就是说，用屏幕对现实进行瞬时的催化操作”，或换言之曰“非媒介的（immediatic）革命”，这可以从麦克卢汉的“媒介即信息”这句论断中看出——在这里，媒介和信息向自身塌陷。[7]然而，在讨论这一效应的“后果”时，鲍德里亚超越了麦克卢汉，认为“非媒介的”对话“面向一种普世的虚拟状态”，这正是“借助真实时间的表演来完成现实的强烈现实化”。[8]

接下来，我将采用上述理论框架来分析两组案例。它们将帮助展现媒介的虚拟性和传统的现实性之间的关联。首先，我将讨论2011年的开罗塔利尔广场——它展现了虚拟和实体之间的对抗关系。这个广场向我们表明，真实的实体空间也可以被虚拟地体验。其次，通过分析两款电脑游戏——《第二人生》和《模拟城市》，我将探究那些反映出真实的空间及社区传统的虚拟环境。这些案例展现了虚拟与传统之间有趣的交汇，以及由此产生的可能后果。如此，我也将进一步思索那一类特殊景观——在那里，虚拟规定着、抵触着、建构着那些我们信以为真的现实，而实际上我们面临的只是虚拟的新型空间。

阿拉伯之春：脸书革命？

在当代开罗，塔利尔广场（Tahrir Square）也被视为一处传统空间。它周围环绕的建筑同样是现代埃及政治和历史发展轨迹的生动见证——这一轨迹先后经历了殖民主义、现代主义、泛阿拉伯主义（pan-Arabism）、社会主义和新自由主义的影响。正是广场的地缘和建筑遗产揭示了，2011年这场示威活动的爆发并不是“偶然的”，而是深深根植于、镌刻于开罗的城市肌理之中。

从广场周围的建筑中，可以看到那些塑造着现代开罗的社会、经济和政治力量。坐落于广场南端的穆迦玛大楼（Mugamma）是一座宏伟的、曲面形状的苏维埃风格建筑，大楼中的政府机关几乎与埃及人的生老病死皆息息相关。具体而言，埃及人从出身证明到护照的各类证件都要从穆迦玛大厦获取，而在这种行政层面的重要性之外，这座大厦的建筑特征也让它成为“埃及的庞大官僚体系的象征”。[9]同时，在广场西侧坐落着阿拉伯国家联盟（Arab League）总部。建筑的伊斯兰风格母题象征着泛阿拉伯主义极盛时期的埃及历史。在这座建筑旁边，则是一座标志着开罗与西方联系的现代主义建筑——原希尔顿酒店，如今它因暴动活动而陷于重修之中。希尔顿酒店是开罗的第一座现代宾馆，是在埃及工业大发展阶段建造的，曾长期作为旅行休闲业及西方政客名流的接待设施。广场上还有一座橙红色的建筑——埃及国家博物馆，建于20世纪初，当时埃及尚处于英国殖民者的控制下。它坐落于希尔顿酒店北侧，是拥有世界上最丰富的古文物馆藏的博物馆之一。最后，在这座博物馆背后是前总统胡斯尼·穆巴拉克（Hosni Mubarak）领导的民族民主党总部所在地。这座乏味的现代主义建筑原本在20世纪60年代作为阿拉伯社会主义联盟的总部。在2011年的示威游行中被烧毁，如今仍只剩建筑骨架。

这些建筑在现代埃及塑造进程中所承载的重要象征意义，让塔利尔广场获得了成为一处公共空间的潜能。对塔利尔广场长达18天的占领，也在2011年初的公众示威活动中变得意义非凡。这次占领始于1月25日，受突尼斯革命启发的反政府示威者聚集于此，同时也走上其他多座埃及城市的街头——包括亚历山大、阿斯旺、伊斯梅利亚和苏伊士。三天之后的1月28日，这天后来也被称作“愤怒之日（Day of Rage）”，新到来的成群示威者在卡希尔·阿尔-尼尔大桥与警察发生正面冲突，这座大桥是从开罗的多基区（Dokki）和萨马雷克区（Zamalek）通往塔利尔广场的必经之地。当他们成功突破路障而进入广场，便与广场上已有的示威者融为一个极具压迫性的公众群体。2月2日，作为对这一示威活动的回应，穆巴拉克之子及其他支持穆巴拉克的“反革命者”从穆斯塔法·玛穆德广场途径十月六日大桥，一路游行至塔利尔广场。然而，当他们与广场上的反政府示威者发生冲突，却反被后者驱逐出了广场。[10]2月10日，出乎所有人意料的是，总统穆巴拉克仍拒绝下台。不过在示威运动的最后一天，也就是2月11日，新上任的副总统奥马尔·苏莱曼（Omar Suleiman）宣布，穆巴拉克已将权力移交给埃及武装部队最高委员会。（图10.1）

图10.1 2011年“阿拉伯之春”期间的塔利尔广场

埃及的这场暴动，激起诸多关于虚拟空间（及传统）的本质的辩论，伴随而至的是一个让人将信将疑的说法——即将“阿拉伯之春”称作“脸书革命”（Facebook revolution）。在这场讨论中，很多人很快断定，由“脸书”网站带来的新科技在中东地区的民主运动塑造中发挥了决定性的作用。他们还特别指出，这些来自西方的科技和因特网服务被当地中产青年作为社交工具，并转变为一种政治组织的方式。然而，这场辩论也应该引发我们对以下问题的反思：首先，相对于空间使用和认知的传统方式而言，虚拟空间的讨论应如何进行；更重要的是，知识生产以及传统表征的背后隐含着怎样的地缘政治语境。

琳达·赫雷拉（Linda Herrera）并不认同“脸书革命”的观点，她辩驳道：“政治和社会运动应属于人民，而非通信工具或技术。”[11]她认为，在这场运动的讨论和再现中，“阿拉伯本土能动性”的缺席或“对其否认”导致了类似“脸书”这类技术的作用被夸大。根据拉巴卜·埃尔—玛迪（Rabab El-Mahdi）的说法，这一论述路径折射出更多试图将这场“革命”置于“西方”语境下的做法，其目的只是将其背后隐藏的社会运动“东方化”。[12]一部分人过分强调了社交媒体的作用，将这场“革命”等同于“脸书”这样的非政治的虚拟空间，继而假定它的主要参与者皆为中产阶级青年而非“恐怖分子”；由此，他们不仅掩盖了公众意见背后的阶级动因，还将这场运动再现为“（与东方主义相似的）他者化和浪漫化故事，同时强加以普世/欧洲中心主义的论断。”[13]

换言之，正如格雷格·布里斯（Greg Burris）所指出的，将“阿拉伯之春”视为“脸书革命”的效应之一，就是将这场运动从其历史语境中抽离，同时否认了那些实际参与者“自我的声音和自我的意愿”。[14]实际上，他指出了“西方和其他地区”的社会运动中对技术使用的表达差异（一方是使用技术，另一方则是被技术利用），由此提出，“脸书革命的幻想”只是重复了一个长期存在的、针对中东的西方认识论，那就是否认阿拉伯本土的能动性（agency）。[15]

我们从这场围绕所谓“脸书革命”展开的辩论中还可以推断，虚拟与现实的关联性的边界其实是多孔的、流动的。不仅是虚拟在影响着现实；现实世界的不公平形式和权力关系亦主导着虚拟世界的构筑和理解方式。在我看来，是公共广场的传统塑造并推动了政治运动的发生。如今，这一传统也被新的信息传播工具重新定义、重新调用，这些工具正帮助我们在现实空间中构筑虚拟的地域。2011年的“阿拉伯之春”所依仗的虚拟网络早已与现实的社会空间同构交织。保罗·阿玛尔（Paul Amar）指出，这样的虚拟网络包括“网吧、小作坊、电话中心、游戏吧、小巴车、洗衣/熨衣店、小健身房”。[16]阿玛尔认为，是人民自己——而非脸书——调用了“他们建立并发展以支撑反抗的网络空间基站”。[17]

正如我在他处曾指出的：“革命绝不会在网络空间发生，即便它始于网络。”[18]埃及这场运动的催化剂并不是脸书这一虚拟空间。相反，是塔利尔广场作为一处公共及政治空间的传统，唤醒了参与抗议者的想象，“其中有些人无疑是了解那段历史的”。[19]①尽管网络空间提供了一个发起和调动抗议组织的便捷平台，但实际上，革命却根植于特定的场所。不过这次事件的独特之处在于，长眠的城市空间被“群众运动的一种新‘节目’的出现”而重新激活，在这里，像脸书和推特这样的新型社交平台与传统媒介共同作用。然而，政治动员实际上是基于“现存的、高度组织化的社会或政治团体，这些团体借助城市层面的草根化介入而积累信誉”——这样一个现实也终究引发我们质疑将“阿拉伯之春”称作“脸书革命”的论调。[20]

---

① 译者注：指20世纪上半叶，塔利尔广场多次作为舞台，见证了埃及人民发动革命以挣脱英帝国殖民、最终走向独立，因此塔利尔广场也被称作“解放广场”。

《模拟城市》：传统走向虚拟

> 当提到城市推销的艺术，我们需要问的是，是谁的梦想被打包后卖回给我们？又是出于怎样的目的？然而，我们可以看到诸多自相矛盾的广告信息，其作用是扭曲而非遮掩。它们是对能指的刻意呈现。不过，对一个沉浸于图像的文化而言，能指不再指向意义结构之外的固定现实。这场表象的表演中除了符号外别无他物，图像成了至高无上的存在。[21]

1989年可视为近期世界史最重要的年份之一。例如十一月柏林墙的拆除，随之而来的东欧解体仿佛宣告着与过去的决裂。巧合的是，一款名为《模拟城市》（*SimCity*）的电脑游戏也在1989年于北美发布，游戏设计者为威尔·莱特（Will Wright）。这款游戏的出现开启了一种思考虚拟城市及其与传统关系的新方式。[22]

《模拟城市》搭建了这样一个平台，让游戏玩家根据各自的城市幻想创造一座虚拟的城市。《模拟城市》被设计为一个开放式游戏，玩家无须完成特定的任务来获取胜利。相反，游戏过程主要集中在虚拟“城市”的创建和维护，它的成功与否取决于这位“玩家市长”在有限的初始预算下能够在他/她的城市中养活多少“模拟人”——即模拟城市中的模拟居民。游戏之初，每位玩家将得到一块没有任何居住痕迹、只有植被的处女地。在这块土地上，玩家建造城市的方式可以是指定土地用途（工业、商业或居住）、开设道路或桥梁、建造建筑——或者更准确地说，是为一些预先确定的建筑类型选择用地，包括学校、公园和市政厅等。

尽管这样一款数字化工具的目的是让人可以几乎不受限制地体验虚拟城市，但《模拟城市》游戏中依然浸染着大量关于城市应该如何发展

图10.2 电脑游戏中的“模拟城市”

的传统理念。“线下”的传统在“线上”语境下呈现的方式是双重的：一方面是游戏开发者预设的游戏背景；另一方面则是游戏玩家所创造的成果。这两套预设逻辑之间的互动揭示了《模拟城市》这样的虚拟环境如何与现实空间及传统密切交织。

艾米·菲利普斯（Amy Philips）曾指出，《模拟城市》“尊崇着极其传统的思维方式……这种思维方式几乎完全契合启蒙主义时期理性的、公共导向的城市传统”。[23]她的论述阐释了，《模拟城市》如何通过游戏开发者视角的传统来理解。尤其是她指出，《模拟城市》给玩家提供了无人居住的未知土地，这样的条件使他们可以体验从零开始的城市发展理念。在菲利普斯看来，这展现了北美边远荒地开发的神话。实际上，这款游戏将网络空间想象为美国的“狂野西部”，等待着创造性个体或是“美国式英雄”来将它征服。

这款游戏中开发者嵌入的另一传统思维元素，是一种排除了性别、种族、民族等城市议题的经济模型。这样一种忽视与现实形成了鲜明反差——即它对城市规划者职责的过度夸大，尤其是游戏玩家作为市长似乎是无所不能的。由于排除了种族这一在美国城市的反城市主义（anti-urbanism）思潮中扮演着决定性作用的因素，游戏中的这一经济模型也就将城市问题简化为技术问题，可以借助理性过程和货币资源来解决。肯尼斯·科尔松（Kenneth Kolson）曾指出，《模拟城市》还基于另一种关于城市治理中政府职能的传统观念，即反对任何可能提升纳税负担的公共支出。[24]

菲利普斯还发现，游戏玩家尽管看似憧憬着理想城市的外形，但却依然倾向于在模拟城市建造中使用“传统”元素。这就说明，即便在《模拟城市》这样一种试图让玩家实验全新思想的虚拟空间之中，“大部分玩家所制造的仍是精致的、完美的、却没有什么原创性的形式，就跟我们熟悉的世界一样”。[25]即便在这样一种新的虚拟环境下，传统——或者说是一种思考城市的熟悉方式——仍然限制着人们能够设想和建造之物，让虚拟世界看起来更像现实。

因此，《模拟城市》所制造的虚拟领域并没有、也不可能脱离传统。相反，《第二人生》作为另一个虚拟环境的重要案例，却可视为一种试图跳脱传统的虚拟空间——至少试图脱离关于何为现实、何非现实的传统思维方式。然而，《第二人生》的案例也唤起新的思索——虚拟和现实之间的多孔性边界，及其意料之外的影响。

《第二人生》：虚拟的传统

《第二人生》（*Second Life*）游戏由林登实验室（Linden Lab）（或

简称“林登家族”）于2003年发布。这是一款线上游戏，在游戏的3D虚拟场景中，玩家可通过买卖资产来创造他们的“第二人生”。[26]游戏玩家被称作“居民”，这暗示了这款游戏的一个重要空间本质。很多学者指出，《第二人生》的独特之处在于，与类似《魔兽世界》这样的“大型多人线上角色扮演游戏”（MMORPG）不同，这款游戏并不是让玩家通过完成任务来获取胜利。相反，玩家只需发挥各自的创造力，营造一个他/她眼中的线上理想社区即可，而无须受游戏规则之外的任何限制。有趣的是，游戏开发公司还承诺玩家保有其在游戏中创造的一切知识产权，这很吸引那些希望寻找一个领域来抒发创造力的玩家。

尽管《第二人生》是一款开放式游戏，但与此紧密关联的一个事实是，它同时作为一款游戏和一件企业产品，是受到操控的。萨穆埃尔·邦苏（Samuel Bonsu）和阿伦·达莫迪（Aron Darmody）指出，《第二人生》代表了一种资本主义创新范例，即利用诸如因特网这样的新型开放剥削性结构，以应对市场转型和消费者品位的多元化。为此，他们将“共创”（co-creation）定义为“通过允许消费者成为生产链条中的创意合作者，而在营销者与消费者之间形成的一种互惠关系”。[27]他们还指出，“林登家族”（这一耳熟能详的名词掩盖了背后拥有这款游戏的企业实体）实际上通过剥削无薪资的消费者来创造企业利润，通过框束“‘自由’居民……来支撑他们的虚拟世界”——一个掩盖在消费者赋权及创造力的美名之下的世界。[28]

尽管虚拟空间就像很多人预料的那样，可能提供一个现实生活之外的替代选项，但也很有必要认识到，游戏玩家所创造的虚拟空间与现实非常类似——只不过在某个层面不易察觉。I. G. R. 肖（I.G.R. Shaw）和巴尼·沃克（Barney Wark）曾使用“情感世界（worlds of affect）”这个概念来分析虚拟空间的这种特性。面对三维的游戏世界，该世界通过提供与虚拟空间“未经调和”的相遇让玩家沉浸其中，他们警示了线上和线下世界之间的“渗漏”——两个世界之间的界限是微弱的，“虚拟世界正不断从屏幕‘渗出’，以寻常的、兴奋的或是出乎意料的方式影响着游戏玩家”。[29]为此，有人表达了对潜意识层面虚拟世界和现实世界之间的模糊界限的担忧，尤其当这一虚拟空间的提供者是一群以牟利为目的之人。当论及性别、种族和民族问题时，这一境况会变得更有争议。曾有人提出：“不仅现实世界的种族观念会影响虚拟的行为，虚拟世界的经验同样塑造着现实世界的种族观念。”[30]

那么，虚拟世界对于传统的话题有何意义？像《第二人生》这样的虚拟空间，会如何重塑和凝练我们对于传统作为一种社会力量的理解？这里值得一提罗德尼·哈里森（Rodney Harrison）的论述，尤其是他注意到了遗产在维护《第二人生》的虚拟社区中发挥的作用。如前文提到的，《第二人生》的主要特征之一是它提供了一个让玩家建立理想虚拟社区的平台。然而哈里森却发现，《第二人生》中的遗产地往往倾向于强调一个历史不长的虚拟社区的“根深蒂固”，让居民形成“一种对社区和共同根源的归属感”，从而让《第二人生》的虚拟空间看起来更像真实世界。[31]哈里森特别提到，《第二人生》中历史遗产的地位只能被赋予“造物主”的“官邸”（即林登州长的府邸），或是那些用于纪念这个虚拟城市建立的“博物馆”，而不能被赋予任何“平民”（vernacular）场所。为此他辩驳道：

> 遗产在虚拟城市中的作用或许比“现实”世界要更受局限，它基本上只充当一种管理和控制的结构，其方式是建立（虚拟）土地所有权，以及通过纪念物来塑造社区感，形成“根深蒂固”的感受并将社会记忆实体化。[32]

2007年，一部美国电视剧《法律与秩序》（*Law and Order*）中提到了一起谋杀案，它与一个（虚构的）虚拟现实游戏有关。这部游戏名为《另一世界》（*Another Youniverse*），明显取材于《第二人生》。在标题为“化身”的这一集中，一位年轻的艺术学院学生蕾切尔·麦克佳勒离奇失踪，调查员随后发现，她在游戏中有一个十四岁的虚拟自我，名为“维克茜”，拥有一家虚拟的色情俱乐部和一批稳固的虚拟客户。她的朋友说，麦克佳勒乐于在游戏提供的看似“安全”的虚拟环境中探索自己的性幻想。然而，她尝试将性幻想压制在游戏中的做法逐渐失控，原因是她的一名虚拟客户格里高利·塞拉尔迫切地希望和她有现实接触。塞拉尔曾被判入狱15年，因为他绑架了一名叫作劳伦·莫尔比的未成年女孩。而当他发现麦克佳勒在游戏中的化身“维克茜”恰好和莫尔比长得如出一辙时，便在虚拟世界中爱上了她。在这一集，塞拉尔随后在现实世界中绑架了麦克佳勒，而当他发现她并不是莫尔比时，便杀了她。

尽管这一集电视剧听起来异想天开，却可能取材于混淆了现实和虚拟世界的类似真实事件。2006年9月15日，22岁的工厂工人布莱恩·巴雷特在纽约州被射杀，凶手是47岁的同事托马斯·蒙哥马利——他们是一场“网恋”中的情敌。他们共同爱上的女孩，据说是一个住在西弗吉尼亚、充满魅力的17岁金发少女。巴雷特和蒙哥马利分别都在多个线上平台与她聊天，包括Pogo、MySpace、Yahoo等，并相互交换了电邮及照片，还曾通话。不过他们从未在现实世界见过这个女孩，直到这场“诡异的三角恋”导致了一位年轻人的死亡。正如有人曾指出的，这位受害者讽刺地成为“唯一说实话的人”。[33]蒙哥马利自称18岁，是个高大威猛的、即将上伊拉克战场的海军士兵；而隐藏在这个17岁美丽女孩背后的女性，其实是这个女孩的妈妈，已经快50岁了。[34]

就像电视剧《法律与秩序》的那一集一样，这场发生在纽约州的谋杀案也促使我们重新审视现实与虚拟之间模糊不清的界限以及随之产生的后果。尼埃尔・斯特纳吉（Niall Stanage）由此论述道，像《第二人生》这样的虚拟游戏与现实世界的勉强联姻代表了“一种从现实世界的病态解脱及逃避”，它所裹挟的混乱的社会关系及约束性的传统，已经带来“毁灭性的后果”。[35]

虚拟世界的新领域除了带来担忧和恐惧之外，同样不难看到，虚拟世界使得我们有可能借助多种方式思考现实，通过多条路径介入现实。这并不是说，现实已被虚拟所攻破。相反，虚拟世界通过对现实世界的诘问、击破和协商，而开启了多样化的抵达现实之径。这里也隐含着对传统的挑战。就像我们前面讨论的，从塔利尔广场到《第二人生》这些不同的虚拟语境如何创造各自的现实那样，虚拟世界让我们得以“建构一个更为完善的关于现实的理论”。[36]

尽管意义不断转变，但传统及与之匹配的建成环境却在这种介入现实的过程中发挥着重要的促进作用。我们观察到，“阿拉伯之春”或其他事件都不是“从天而降”的。这些事件都受到公共广场所蕴含的记忆及传统的激励和支持，在2011年的塔利尔广场上发生的集体行动等都与此相关。广场的虚拟性便根植于今日广场的功能之中——正如沃克所指出，它是面向未来的宝库，它铭记过去，沉淀历史，根植于空间，凝聚为传统。

（黄华青　译）

注释

序言

1. Oliver, P. (1987) Dwellings: The House across the World. Oxford: Phaidon, 转引自 AlSayyad, N. and Sanyal, R. (2008) Traditional dwellings and settlements, in Selin, H. (ed.) Encyclopedia of the History of Science, Technology, and Medicine in Non-Western Cultures. Dordrecht: Kluwer Academic, p. 692.
2. AlSayyad, N. and Bourdier, J.-R (eds.) (1989) Dwellings, Settlements and Tradition: Cross-Cultural Perspectives. Lanham, MD: University Press of America, 转引自 AlSayyad and Sanyal, op. cit., p. 693.
3. Morgan, L.H. (1965[1896]) House and Houselife of the American Aborigines. Chicago, IL: University of Chicago Press; and Morse, E. (1961 [1896]) Japanese Homes and Their Surroundings. New York: Dover, as cited in AlSayyad and Bourdier, op. cit., p. 6.
4. Rudofsky, B. (1964) Architecture without Architects: An Introduction to NonPedigreed Architecture. London: Academy Editions.
5. Oliver, P. (2006) Built to Meet Needs: Cultural Issues in Vernacular Architecture. Oxford: Architectural Press, p. 145.

第一章

1. Oliver, P. (1987) Dwellings: The House across the World. Oxford: Phaidon, 转引自AlSayyad, N. and Sanyal, R. (2008) Traditional dwellings and settlements, in Selin, H. (ed.) Encyclopedia of the History of Science, Technology, and Medicine in NonWestern Cultures. Dordrecht: Kluwer Academic, p. 692.
2. Ibid.
3. Schoenauer, N. (1980) 6,000 Years of Housing. New York: Garland, p. 70.
4. Kostof, S. (1985) A History of Architecture: Settings and Rituals. New York: Oxford University Press, p. 46.
5. Schoenauer, op.cit, p. 71.
6. Ibid., pp. 102-105.
7. Ibid., p. 108.
8. Romer, J. (1984) Ancient lives: Daily Life in Egypt of the Pharaohs. New York: Holt, Rinehart and Winston.
9. Schoenauer, op. cit., pp. 129-130.
10. Ibid.,pp. 136-144.

11. Kostof, op. cit., p. 200.

12. Schoenauer, op. cit., pp. 217-233.

13. Oliver, op. cit., p.8.

14. Rapoport, A. (1969) House Form and Culture. Englewood Cliffs, NJ: Prentice-Hall.

15. Ibid.

16. Oliver (1987)，op, cit, p. 122.

17. Rudofsky, B. (1964) Architecture Without Architects: A Short Introduction to NonPedigreed Architecture. London: Academy Editions, pp. 14-15.

18. Ibid., pp. 16-17.

19. Cressey, G.B. (1955) Land of the 500 Million: A Geography of China. New York: McGraw-Hill, p. 263, 转引自Rudofsky, op. cit., pp. 16-17.

20. Oliver (1987), op. cit., p. 118.

21. AlSayyad, N. and Sanyal, R. (2008) Traditional dwellings and settlements, in Selin, op. cit., p. 693.

22. Rudofsky, op, cit., p. 132; and PI6sums, G. (1997) Saigoku: structure, in Oliver (1997), op. cit., p. 1002.

23. Oliver (1987), op. cit., pp. 119-120.

24. Sainsbury, C. (1997) Cactus: Card6n (Chile), in Oliver (1997), op. d Vol. 1, p. 223.

25. Oliver (1987), op. cit., p. 18.

26. Frost, R. (1923) New Hampshire: A Poem with Notes and Grace Notes. New York: Holt, p. 80.

27. Rudofsky, op. cit., pp. 31-32, 36-37, and 39.

28. Rapoport, op. cit, p. 21.

29. Ibid., p. 22.

30. Ibid.

31. Ibid., pp. 25-26; and Giedion, S. (1964) The Eternal Present: Beginning of Achitecture, Vol. 2. New York: Pantheon Books, pp. 514-515.

32. Papas, C. (1957)L’ urbanisme et I’ architecture populaire dans les Cyclades. Paris: Dunod, 1957, pp. 143-144, as cited in Rapoport, op. p. 26.

33. Golany, G.S. (1992) Chinese Earth-Sheltered Dwellings: Indigenous Lessons for Modern Urban Design. Honolulu: University of Hawaii Press, p. xiv.

34. Oliver (1987), op. cit, pp. 187-189.

35. Ibid, p.142.

36. Ibid.

37. Ibid., pp. 173-174.

38. Ibid.,pp. 180-181.

39. Rapoport, op. cit., p. 40.

40. Oliver (1987), op. cit., pp. 167-168.

41. Miyazaki, K, (1997) Tatami, in Oliver (1997), op. cit,, Vol. 2, pp. 991-992.

42. Kostof, S. (1987) The American house, in America by Design. New York: Oxford University Press, p. 15.

43. Ibid., p. 16.

44. Ibid.

45. Cooper Marcus, C. (1995) House as Mirror of Self: Exploring the Deeper Meanings of the Home. Berkeley, CA: Concari Press.

46. Oliver (1987), op. cit., p. 8.

第二章

本章的诸多观点和证据来源于我之前撰写的两本书中的章节：Dwellings, Settlements, and Tradition: Cross-Cultural Perspectives. Lanham, MD: University Press of America, 1989一书中的“序言”章节，以及The End of Tradition? London: Routledge, 2003一书的“传统的终结？终结的传统”章节。

1. 的确，对于“乡土”建筑的特别关注可追溯到Rudofsky, B. (1964) Architecture Without Architects. New York: Doubleday; Rapoport, A. (1969) House Form and Culture. Englewood Cliffs, NJ: Prentice-Hall; Oliver, P (1969) Shelter and Society. New York: Praeger. 这些著作一起开始勾勒出人们对非纪念性建筑的兴趣。

2. AlSayyad, N. (1989) Preface, in, AlSayyad, N. and Bourdier (eds.) Dwellings, Settlements, and Tradition: Cross-Cultural Perspectives. Lanham, MD: University Press of America, p.3.

3. Tuan, Y-E (1989) Traditional: what does it mean? in AlSayyad and Bourdier, op. cit., p. 28.

4. Ibid., pp. 27-28.

5. Ibid., p.28.

6. Ibid., pp.31-33.

7. Oliver, P. (1989) Handed-down architecture: tradition and transmission, in AlSayyad and Bourdier, op. cit., p. 74.

8. Ibid., p.53.

9. Krober, A.L. (1963) Anthropology: Culture Patterns and Processes. New York: Harcourt Brace and World, p. 219, as cited in Oliver, op. cit., p. 59.

10. Oliver, op. cit., p. 60.

11. Rapoport, A. (1989) On the attributes of tradition, in AlSayyad and Bourdier, op. cit., p. 86.

12. Ibid., pp. 96, 97, and 100.

13. 一名未透露姓名的与会者在1988年研讨会闭幕会议上的发言。

14. Payne, G. (1977) Urban Housing in the Third World. London: Leonard Hill.

15. 从这个意义上讲，研究传统住屋和聚落的学科可能与任何其他已有的学科没有什么不同。相关讨论可参见Berger, P and Luckmann, T. (1967) The Social Construction of Reality. New York: Anchor

Books。正如AlSayyad, N. (1989) Epilogue, in AlSayyad and Bourdier, op. cit., p. 530中所提到的。

16. 阿莫斯·拉普卜特在1988年研讨会闭幕会议上的讲话。更多关于这方面的内容，请参考Rapoport, A. (1988) Spontaneous settlements as vernacular design, in Patton, C. (ed.) Spontaneous Shelter. Philadelphia, PA: Temple University Press.

17. Illich, I. (1971) Deschooling Society. New York: Harper and Row, as cited in AlSayyad (1989), Epilogue, op. cit., pp. 530-531.

18. Rapoport (1989), op. cit., pp. 78-79, and 92.

19. Ibid., p. 79

20. Ibid., pp. 84-86, 88, and 90.

21. Ibid., pp. 83, 87, and 80.

22. Ibid., p.91.

23. Glassie, H. (1990) Vernacular traditions and society. Traditional Dwellings and Settlements Review, 1(2), p. 9.

24. Ibid., p.11.

25. Ibid., p.18.

26. 拉普卜特追溯了20世纪初从卡尔·索尔和德国文化地理学发源的“文化景观”概念的谱系。Rapoport, A. (1992) On cultural landscapes. Traditional Dwellings and Settlements Review, 3(2), p. 34.

27. Ibid., p.36.

28. Abu-Lughod, J. (1992) Disappearing dichotomies. Traditional Dwellings and Settlements Review, 3(2).

29. Ibid., p. 10. 关于“cultural”的形容词用法的讨论，请参见Appadurai, A. (1996) Modernity at Large. Minneapolis, MN: University of Minnesota Press.

30. Upton, D. (1993) The tradition of change. Traditional Dwellings and Settlements Review, 5(1), p. 9.

31. Ibid., p.14.

32. 原载于 Abu-Lughod, J. (1995) One’s future from one’s past. Traditional Dwellings and Settlements Review, 7(1), p. 8, 转引自AlSayyad, N. (2004) (ed.) The End of Tradition? London: Routledge, p. 10.

33. Ibid., p.10

34. AlSayyad, N. (1995) From vernacularism to globalism: the temporal reality of traditional settlements. Traditional Dwellings and Settlements Review, 7(1), pp. 13-24.

35. AlSayyad, N. (2001) Global norms and urban forms in the age of tourism, in AlSayyad, N. (ed.) Consuming Tradition, Manufacturing Heritage. London: Routledge, p. 16.

36. AlSayyad, N. (2001) Hybrid culture/hybrid urbanism: Pandora’s Box of the ‘Third Place’, in AlSayyad, N. (ed.) Hybrid Urbanism: On the Identity Discourse and the Built Environment. Westport, CT: Praeger, p. 13.

37. 关于文化流动的“风景”的深入探讨，参见Appadurai, A. (1996) Modernity at Large. Minneapolis, MN: University of Minnesota Press.也可见于M. Sparke’s chapter in AlSayyad (2004) op. cit., pp. 87-115，对阿帕杜莱的“空间化”批判。

38. AlSayyad, N. (2004) The end of tradition, the tradition of ending? in AlSayyad, N. (ed.) (2004) op. cit., p. 11.

39. Ibid., p.12.

40. Ibid., p.22.

41. Baudelaire, C. (1972) The painter of modern life, in Baudelaire, C. Selected Writings on Art and Literature, Charvet, RE. (trans.). New York: Penguin Books, p. 403.

42. Gaonkar, D. (1999) On alternative modernities. Public Culture, 11(1), pp. 1-18; 引用语来自于 p. 7，转引自 AlSayyad (2004), op. cit., p. 23.

第三章

1. Simmel, G. (1971) The metropolis and mental life, in Levine, D. (ed.) Georg Simmel on Individuality and Social Forms. Chicago, IL: University of Chicago Press, p. 325.

2. Ibid.

3. Gottdiener, M. (1994) The New Urban Sociology. New York: McGraw Hill, pp. 103- 105, 转引自AlSayyad, N. (2006) Industrial modernity: the flaneur and the tramp in the early twentieth-century city, in AlSayyad, N. Cinematic Urbanism: A Histoiy of the Modern From Reel To Real. New York: Routledge, p. 20.

4. Wirth, L. (1938) Urbanism as a way of life. American Journal of Sociology 44(1), pp. 18-19, 转引自 AlSayyad, N. (2004) Urban informality as a 'new' way of life, in AlSayyad, N. and Roy, A. (eds.) Urban Informality: Transnational Perspectives from the Middle East, Latin America, and South Asia. Lanham, MD: Lexington Books, pp. 45, 48, and 47.

5. AlSayyad (2006), op. cit, p. 46.

6. Wright, G. (1987) Tradition in the service of modernity: architecture and urbanism in French colonial policy, 1900-1930. Journal of Modern History, 59(2), p. 292.

7. Ibid., p. 297.

8. von Osten, M. (2010) In colonial modern worlds, in Avermaete, T., Karakayali, S. and von Osten, M. (eds.) Colonial Modern: Aesthetic of the Past, Rebellions for the Future. London: Black Dog Publishing, p. 20.

9. Ibid., pp. 23-24.

10. King, A. (1993) The politics of position: inventing the past; constructing the present; imagining the future. Traditional Dwellings and Settlements Review, 4(2), 1993, p. 14.

11. Ibid., p. 15.

12. Ibid., pp. 11 and 14.

13. Roy, A. (2001) Traditions of the modern: a corrupt view. Traditional Dwellings and Settlements Review, 12(2).

14. Ibid., pp. 12 and 13.

15. Shils, E. (1981) Introduction, in Tradition. Chicago, IL: University of Chicago Press, p. 2.

16. Ibid., p. 3 (emphasis added).

17. Ibid.,p. 4.

18. Ibid., pp. 16 and 31.

19. Ibid.,p.12.

20. 在Hobsbawm E. (1983) 所著的Hobsbawm, E. and Ranger, T. (eds.) The Invention of Tradition. Cambridge: Cambridge University Press, pp. 1-14. 一书的“引言：发明的传统”一章被提及。

21. Shils, op. cit., pp. 19, 32.

22. See Kuhn, T (1962) The Structure of Scientific Revolutions. Chicago, IL: The University of Chicago Press.

23. Shils, op. cit., p. 2.

24. 参见 Thompson, E.P (1963) The Making of the English Working Class. New York: Pantheon Books; 以及 Willis, R (1977) Learning to Labor: How Working Class Kids Get Working Class Jobs. New York: Columbia University Press.

25. Willis, op. cit.， pp. 8,16, 32.

26. Hobsbawm, op. cit., p. 1.

27. Ibid., p. 3.

28. Ibid., pp. 6-7.

29. Ibid., p. 9.

30. Shils, op. cit., p. 15.

31. Hobsbawm, op. cit., p. 1.

32. Ibid., p. 10.

33. Ibid., pp. 4-5.

34. Ibid., p. 8.

35. Anderson, B.（1991 [1983]) Introduction, in Imagined Communities: Reflections on the Origin and Spread of Nationalism. London: Verso, p. 4.

36. Ibid.

37. Ibid., p.24.

38. Ibid., p.25.

39. Hobsbawm, op. cit., p. 5.

40. Shils, op. cit, p. 16.

41. Hobsbawm, op. cit., pp. 13 and 14.

42. Anderson, B. (1991 [1983]) Cultural roots, in Anderson, op. cit, pp. 11-12.

43. Hobsbawm, op. cit., pp. 2 and 5; and Shils, op. c/’ f., p. 27.

44. Hobsbawm, op. cit., pp. 1,6. Also see Anderson, Cultural roots, op. cit

45. Upton,D. (2001) Authentic anxieties, in AlSayyad, N. (ed.) Consuming Tradition, Manufacturing Heritage: Global Norms and Urban Forms in the Age of Tourism. New York: Routledge, p. 299.

46. Ibid., p.300.

47. AlSayyad, N. (2004) The end of tradition, or the tradition of endings? in AlSayyad, N. (ed.) The End of Tradition? London: Routledge, p. 7.

48. Roy, op. cit.

49. Ibid.,p.11.

50. Bell, D. (1960) The End of Ideology. New York: The Free Press. 丹尼尔·贝尔（Daniel Bell），哈佛大学社会科学学科亨利·福特终身教授，美国艺术与科学院常驻学者，曾任哥伦比亚大学社会学教授，《公共利益》杂志的联合创始人，是最后一批被我们称为“公知”的学者之一。他与其同时代人所广泛讨论的主题和理论，必定会随着他们这一代人的逝去而消失。他与欧文·科斯托尔（与他共同创立了《公共利益》杂志）、欧文·豪和内森·格雷泽一起，作为著名的批评家之一，被称为“纽约知识分子”。

51. Fukuyama, F. (1992) The End of History and the Last Man. New York: The Free Press. 目前，福山是乔治·梅森大学公共政策系教授，是生物伦理学主席委员会的成员，自20世纪70年代以来，他一直作为一名独立政治科学家，也同时为美国政府工作。

52. Fukuyama, op. cit., p. 64, 转引自 AlSayyad (2004), op. cit., p. 3.

53. Ibid., p. 51, 转引自 AlSayyad (2004), Ibid.

54. 大前研一（Kenichi Ohmae），被称为“谋略先生”，拥有麻省理工学院核工程博士学位。他是一位来自美国的管理学顾问。曾任麦肯锡公司（McKinsey and Co.）合伙人，现在拥有自己的公司——大前研一联合事务所（Ohmae and Associates）。他常住东京，并在东京获得了本科学位。他是一位商业顾问、社会改革家、作家和记者，出任政府和企业家的顾问。他已出版百余本著作。

55. Ohmae, K. (1995) The End of the Nation-State. New York: The Free Press, p. 3, 转引自AlSayyad (2004), p. 4.

56. Mathews, G. (2000) Global Culture/ lndividual Identity: Searching for Home in the Cultural Supermarket. London: Routledge, p. 1, 转引自 AlSayyad (2004)，op. cit., p. 23.

57. Ibid., p. 4, 转引自 AlSayyad (2004), Ibid.

第四章

1. 参见Blount, T. (1707) Glossographia Anglicana Nova: Or, a Dictionai'y, Interpreting Such Hard Words of Whatever Language, as Are at Present Used in the English Tongue, with Their Etymologies, Definitions, &c. London: Dan. Brown, Tim Goodwin, John Walthoe, M. Newborough, John Nicholson, Benj. Took, D. Midwinter & Fran. Coggan.

2. Oxford English Dictionaries.

3. Oliver, P (1997) Introduction, in Oliver, P (ed.) Encyclopedia of Vernacular Architecture of the World, Vol. 1. Cambridge: Cambridge University Press, p. xxi.

4. Upton, D. (1993) The tradition of change. Traditional Dwellings and Settlements Review, 5(1), p. 10.

5. Fisher, P. (1990) Comment on the panel ‘Historiography and Architecture’, Society of Architectural Historians meeting, Boston, 转引自Upton, op. cit., p. 12.

6. Glassie, H. (1990) Architects, vernacular traditions, and society. Traditional Dwellings and Settlements

Review, 1(2), p. 11.

7. Ibid., p.19.

8. Ibid., pp. 11, 12.

9. Ibid., p.17.

10. Rapoport, A. (1988) Spontaneous settlements as vernacular design, in Patton, C. (ed.) Spontaneous Shelter: International Perspectives and Prospects. Philadelphia, PA: Temple University Press.

11. Ibid., p.64.

12. Ibid., pp. 57, 58.

13. Ibid., p.56.

14. 更多关于这方面的内容，请参考 Oliver, P (1989) Handed down architecture: tradition and transmission, in AlSayyad, N. and Bourdier, J.R (eds.) Dwellings, Settlements and Tradition: Cross-Cultural Perspectives. Lanham. MD: University Press of America.

15. Oliver (1997), op. cit., p. xxiii.

16. Ibid., p. xxi.

17. Ibid., p. xxi.

18. Ibid., p. xxii.

19. Upton, op. cit., p. 10.

20. Ibid., p.9.

21. Li, TM. (2010) Indigeneity, capitalism, and the management of dispossession. Current Anthropology, 51(3), p. 385.

22. 关于棚屋形式是如何在全球范围内迁移的详细讨论，请参照King, A. (1984) The Bungalow: The Production of a Global Culture. London: Routledge & Kegan Paul.

23. Golany, G.S. (1992) Chinese Earth-Sheltered Dwellings: Indigenous Lessons for Modern Urban Design. Honolulu: University of Hawaii Press, p. xiv.

24. Rapoport, A. (1969) House Form and Culture. Englewood Cliffs, NJ: Prentice-Hall, p.21.

25. Oliver, P (1987) Dwellings: The House Across the World. Austin, TX: University of Texas Press, p. 25.

26. 可获取于科切拉山谷音乐艺术节网站。

27. Sokolova, E. (1997) Balok: Dolgan, in Oliver, op. cit., pp. 813-814.

28. Kronenburg, R. et al. (1997) Temporary and transportable, in Oliver, op. cit., p.811.不出意料，这种“游牧”建筑经常在“定居”人群中引起其意识形态方面的关注和种族敌意。请参考Prussin, L. (1997) Nomadism, in Oliver, op. cit., p. 97.

29. Li, op. cit., p. 389.

30. James, S.W. (2012) Indigeneity and the intercultural city. Postcolonial Studies, 15(2), p. 249.

31. Ibid., p.262.

32. Jacobs, J.M. (1996) Urban dreamings: the aboriginal sacred in the city, in Edge of Empire:

Postcolonialism and the City. London and New York: Routledge, pp. 103-126.

33. Bhabha, H. (1985) Signs taken for wonders: questions of ambivalence and authority under a tree outside Delhi, May 1817. Critical Inquiry, 12(1), pp. 144-165, 转引自 Jacobs, op. cit., p. 130.

34. Jacobs, op. cit., p. 6.

35. See Jacobs, J.M. (2012) Commentary: property and propriety: (re)making the space of indigeneity in Australian cities. Postcolonial Studies, 15(2).

36. Ibid., p. 145.

第五章

本章中的不少观点和论据来自我之前撰写的两本书中的章节，包括Forms of Dominance: On the Architecture and Urbanism of the Colonial Enterprise. Brookfield: VT: Avebury 1992; Hybrid Urbanism: On the Identity Discourse and the Built Environment. Westport, CT: Praeger, 2001.

1. King, A. (ed.) (2001) Culture, Globalization, and the World System: Contemporary Conditions for the Representation of Identity. Binghamton, NY: State University of New York at Binghamton.

2. Hall, S. (2001) Old and new identities, old and new ethnicities, in King, op. cit., pp.41-68.

3. Said, E. (1979) Orientalism. New York: Vintage Books, p. 2.

4. Ibid.

5. Cairns, S. (2007) The stone books of orientalism, in Scriver, P and Prakash, V. (eds.) Colonial Modernities: Buildings, Dwellings and Architecture British India and Ceylon. London: Routledge, p. 52.

6. 关于这个问题的更多信息，请参考Kosambi, M. (1991) The colonial city in its global niche. Economic and Political Weekly, 22 December.

7. Said, E. (1993) Culture and Imperialism. London: Chatto and Windus, p. 8, 转引自Jacobs, J.M. (1996) Edge of Empire: Postcolonialism and the City. London and New York: Routledge, p. 16.

8. Meinig, D.W. (1986) Atlantic America, 1492-1800, in Meinig, D.W. Shaping of America: A Geographical Perspective on 500 Years of History, Vol. 1. New Haven, CT: Yale University Press, pp. 65 et seq., 转引自 Osterhammel, J. (2010) Colonialism: A Theoretical Overview, S.L. Frisch (trans.). Princeton, NJ: Markus Wiener, p. 41.

9. Osterhammel, op. cit., p. 41.

10. Ibid., p.15.

11. Ibid., p.16.

12. Emerson, R. (1986) Colonialism, in International Encyclopedia of Social Science. New York: Macmillan.

13. Osterhammel, op. cit., p. 17.

14. Anderson, B. (1991) Census, map, museum, in Anderson, B. Imagined Communities: Reflections on the Origin and Spread of Nationalism. London: Verso, pp.163-1 64.

15. Ibid., pp. 166-168.

16. Hirschman, C. (1987) The meaning and measurement of ethnicity in Malaysia: an analysis of census classification. Journal of Asian Studies, 46(3), pp. 552-582; 以及 Hirschman, C. (1986) The making of race in colonial Malaya: political economy and racial identity. Sociological Forum, 1(2), pp. 330-362, 转引自 Anderson, op. cit., p.164.

17. Anderson, op. cit., pp. 164-65.

18. Thongchai, W. (1994) Siam Mapped: A History of the Geo-Body of a Nation. Honolulu: University of Hawaii Press, p. 130, 转引自Anderson, op. cit., p. 173. 请注意安德森引用了通柴1988年的论文版本。

19. Osterhammel, op. cit., pp. 83-84.

20. Ibid., pp. 86-87.

21. Ibid., pp. 60-63.

22. Ibid., p. 10.

23. Ibid., pp. 10-12.

24. Ross, R. and Telkamp, G. (eds.) (1985) Colonial Cities. Dordrecht: Martinus Nijhoff Publishers.

25. Taylor, G.H. (ed.) (1986) Lectures on Ideology and Utopia: Paul Ricoeur. New York: Columbia University Press.

26. AlSayyad, N. (1992) The Islamic city as a colonial enterprise, in AlSayyad, N. (ed.) Forms of Dominance: On the Architecture and Urbanism of the Colonial Enterprise. Brookfield, VT: Avebury, pp. 27-44.

27. Ibid.

28. Reed, R. (1992) From Suprabarangay to colonial capital: reflecting on the Hispanic foundation of Manila, in AlSayyad, op. cit., pp. 45-82.

29. Giddens, A. (1990) The Consequences of Modernity. Stanford, CA: Stanford University Press, p. 1.

30. Ibid., p.174.

31. Rabinow, P (1992) Colonialism, modernity: the French in Morocco, in AlSayyad, op. cit., p. 167.

32. Lamprakos, M. (1992) Le Corbusier and Algiers: the Plan Obus as colonial urbanism, in AlSayyad, op. cit., pp. 183-210.

33. Ibid., pp. 185-186.

34. 参见Ware, V. (1992) Beyond the Pale: White Women, Racism and History. London: Verso; and Hall, C. (1993) White Male and Middle Class: Exploration in Feminism and History. Cambridge: Polity Press, as cited in Jacobs, op. cit., p. 3.

35. Spivak, G.C. (1988) In Other Worlds: Essays on Cultural Politics. New York and London: Routledge, p. 107, as cited in Jacobs, op. cit., p. 3.

36. Shohat, R. (1991) Imagining terra incognita: the disciplinary gaze of the empire. Public Culture, 3(2), pp. 41-70, as cited in Jacobs, op. cit., p. 3.

37. Hamadeh, S. (1992) Creating the traditional city: a French project, in AlSayyad (ed.), op. cit., p. 244.

38. 参见Wright, G. (1991) The Politics of Design in French Colonialism. Chicago, IL: University of Chicago Press.

39. “双城”是莱特在她的著作《法国殖民主义的设计政治学》中使用的一个术语。后来又被哈马德所使用。

40. Hamadeh, op. cit., p. 244, 关于 Mitchell, T. (1988) Colonising Egypt. Cambridge: Cambridge University Press.

41. Hamadeh, op. cit., pp. 242, 248.

42. Ibid., pp. 57 and 63.

43. Cairns, op. cit., p. 65.

44. Identity, in The Oxford English Dictionary, 2nd ed., CD-ROM. New York: Oxford University Press, 1992.

45. Woodward, K. (1997) Introduction, in Woodward, K. (ed.) Identity and Difference. London: Sage, pp. 1-48.

46. Hall, S. (1996) Introduction: who needs identity? in Hall, S. and Du Gay, P (eds.) Questions of Cultural Identity. Thousand Oaks, CA: Sage Publications, p. 4.

47. Anderson, B. (1983) Imagined Communities. London: Verso.

48. Williams, R. (1976) Keyword. New York: Oxford University Press.

49. 有趣的是，本书使用的核心术语——身份、混杂性、差异和多元性——都未能在威廉姆斯的书中找到。他确切引用的术语只有文化、种族、传统、意识形态和想象。

50. Hybrid, in The Oxford English Dictionary, 2nd ed., CD-ROM.

51. Werbner, P (1997) Introduction: the dialectics of cultural hybridity, in Werbner, P. and Modood, I. (eds.) Debating Cultural Hybridity: Multi-Cultural Identities and the Politics of Anti-Racism. London: Zed Books.

52. Pile, S. (1994) Masculinism, the use of dualistic epistemologies, and third space. Antipode, 26(3), pp. 255-277. 引文摘自 p. 263.

53. Papastergiadis, N. (1997) Tracing hybridity in theory, in Werbner and Modood, op. cit., p. 258.

54. Ibid., p.257.

55. Young, R.J.C. (1995) Colonial Desire: Hybridity in Theory, Culture and Race. London and New York: Routledge, p. 19.

56. Ibid., p.6.

57. Ibid., p.28.

58. Papastergiadis, N. (1995) Restless hybrids. Third Text 32, Autumn, pp. 9-18.

59. Bhabha, H. (1994) The Location of Culture. London and New York: Routledge, pp. 113-114.

60. Ibid.,p.116.

61. 有关霍米·巴巴著作的详细分析，请参见 Fludernik, M. (1998) The constitution of hybridity: postcolonial interventions, in Fludernik, M. (ed.) Hybridity and Post-colonialism: Twentieth-Century Indian Literature. Tubingen: Stauffenburg Verlag, especially pp. 22-54.

62. Difference, in The Oxford English Dictionary, 2nd ed., CD-ROM.

63. ‘Diversity’, in ibid.

64. Bhabha (1994), op. cit., p. 34.

65. Bhabha, H. (1990) The third space: interview with Homi Bhabha, in Rutherford, J (ed.) Identity, Culture, Difference. London: Lawrence and Wishart, p. 208.

66. Ibid., p. 208.

67. Mitchell, K. (1997) Different diasporas and the hype of hybridity. Environment and Planning D, 15(5), pp. 533-553.

68. Ibid., p. 534

69. Gupta, A. and Ferguson, J. (1992) Beyond 'culture': space, identity and the politics of difference. Cultural Anthropology, 7(1),p. 18.

70. Mitchell, K. op. cit.

71. Dirlik, A. (1994) After the Revolution. Middletown, CT: Wesleyan University Press, pp.107-108.

72. Hannerz, U. (1992) The global ecumene, in Hannerz, U. Cultural Complexity: Studies in the Social Organization of Meaning. New York: Columbia University Press, p. 218.

73. Ibid., p. 266.

74. Pieterse, J.N. (1995) Globalization as hybridization, in Featherstone, M. et al. (eds.) Global Modernities. Thousand Oaks, CA: Sage, p. 51.

75. Friedman, J. (1999) The hybridization of roots and the abhorrence of the bush, in Featherstone, M. and Lash, S. (eds.) Spaces of Culture: City, Nation, World. London: Sage, p. 241.

76. Hall, S. (1990) Cultural identity and diaspora, in Rutherford, op. cit., pp. 222-237.

77. Ibid., p. 234.

第六章

本章的观点和论据都是我先前论著中的观点的延伸，可参见：Urbanism and the Dominance Equation: Reflection on Colonialism and National Identity, in Forms of Dominance: On the Architecture and Urbanism of the Colonial Enterprise. Brookfield, VT: Avebury, 1992；From Vernacularism to Globalism: The Temporal Reality of Traditional Settlements, Traditional Dwellings and Settlements Review (TSDR), 7(1), 1995, pp. 13-24; ‘Culture, Identity and Urbanism: A Historical Perspective from Colonialism and Globalization’, in Avermaete, T., Karakayali, S. and von Osten, M. (eds.) Colonial Modern: Aesthetic of the Past-Rebellions forthe Future. London: Black Dog Publishing, 2010, pp. 76-87.

1. AlSayyad, N. and Bourdier, J.-P. (eds.) (1989) Dwellings, Settlements, and Tradition. New York: University Press of America.

2. Wolff, J. (1991) The global and the specific: reconsidering conflicting theories of culture, in King, A. (ed.) Culture, Globalization, and the World System. London: Macmillan, pp. 161-174.

3. Snyder, L. (1954) The Meaning of Nationalism. Westport, CT: Greenwood Press, p.72.

4. Shafer, B. (1955) Nationalism: Myth and Reality. New York: Harcourt, Brace and Company, p. 4.

5. lbid.,p.5.

6. lbid.,p.10.

7. Ibid.,p.11.

8. Kohn, H. (1945) The Idea of Nationalism: A Study in its Origins and Background. New York: Macmillan, pp. 6, 16, 转引自Mostofi, K. (1964) Aspects of Nationalism: A Sociology of Colonial Revolt. Salt Lake City, UT: University of Utah, p. 8.

9. Snyder, op. cit.

10. Sugar, PF (1981) From ethnicity to nationalism and back again, in Palumbo, M. and Shanahan, W.O. (eds.) Nationalism: Essays in Honor of Louis L. Snyder. Westport, CT: Greenwood Press.

11. AlSayyad, N. (1995) From vernacularism to globalism. Traditional Dwelling and Settlements Review, 7(1), p.16; and AlSayyad, N. (2010) Culture, identity and urbanism: a historical perspective from colonialism and globalization, in Avermaete, T., Karakayali, S. and von Osten, M. (eds.) Colonial Modern: Aesthetics of the Past, Rebellions for the Future. London: Black Dog Publishing, p. 80.

12. Wright, G. (1991) The Politics of Design in French Colonial Urbanism. Chicago, IL:University of Chicago Press, p. 311.

13. 这个比喻引自Befu Harumi，参见他在1991年10月18—20日加州大学洛杉矶分校举办的第十届西方人文会议跨学科论坛/文化和民族主义会议上所做的发言：《世界多民族国家的民族主义》。

14. Snyder, op. cit.

15. Hall, S. (1991) Old and new identities, old and new ethnicities, in King (ed.), op. cit., p. 49.

16. Wallerstein, I. (1991) The nation and the universal: can there be such a thing as a world culture? in King (ed.), op. cit., pp. 91-106.

17. Vale, L. (1992) Designing national identity: post-colonial capitols as intercultural dilemmas, in AlSayyad, N. (ed.) Forms of Dominance: On the Architecture and Urbanism of the Colonial Enterprise. Brookfield, VT: Avebury, p. 315.

18. Ibid., p.318.

19. Ibid.,p.337.

20. Vale, L. (1992) Architecture Power and National Identity. New Haven, CT: Yale University Press.

21. Taylor, G.H. (ed.) (1986) Lectures on Ideology and Utopia: Paul Ricoeur. New York: Colombia University Press, p. xxvii.

22. King (ed.), op. cit.

23. Robertson, R. (1991) Social theory, cultural relativity, and the problems of globality, in King (ed.), op. cit., pp. 60-90.

24. 许多关于全球化的概念是在社会科学中发展起来的，或是根植于经济理论。本章主要基于文化研究领域的话语。

25. Sugar, op. cit.

26. Parming, T. and Cheung, L.M.-Y. (1980) Modernization and ethnicity, in Dofny, J. and Akiwowo, A. (eds.) Nationalism and Ethnic Movements. Beverly Hills, CA: Sage.

27. Ibid., p.26.

28. Ashcroft, B. (1995) Introductions: issues and debates, in Ashcroft, B., Gritfiths, G.and Tiffin, H. (eds.)

The Post-Colonial Studies Reader. London: Routledge, p. 7, 转引自Jacobs, J.M. (1996) Edge of the Empire: Postcolonialism and the City. London and New York: Routledge, p. 26.

29. Jacobs, op. cit.

30. Appadurai, A. (1990) Disjuncture and difference in the global cultural economy. Public Culture, 2(2), p. 15, as cited in Jacobs, op. cit., p. 5.

31. Jacobs, op. cit., p. 5.

32. Ibid.

33. Ibid., p.9.

34. Jacobs, J.M. (1996) Negotiating the heart? place and identity in the postimperial city, in Jacobs, op. cit., pp. 70-96.

35. Hall, S. (1991) The local and the global: globalizing identity, in King (ed.), op. cit., pp.41-68.

36. Massey, D. (1993) Power geometry and progressive sense of place, in Bird, J., Putman, I, Robinson, G. and Tickner, L. (eds.) Mapping the Futures: Local Cultures, Global Change. London: Routledge, p. 64, 转引自 Jacobs, op. cit., p. 26.

37. Jacobs, op. cit., p. 34.

38. 下面的许多经验都是基于安东尼·金（Anthony King）、斯图尔特·霍尔（Stuart Hall）、罗兰·罗伯逊（Roland Robertson）、伊曼努尔·沃勒斯坦（Immanuel Wallerstein）、乌尔夫·汉纳兹（Ulf Hannerz）和珍妮特·沃尔夫（Janet Wolff）等人1989年在纽约州立大学宾汉姆顿分校举行的研讨会上发表的论述，并刊载于《文化、全球化与世界体系》（*Culture, Globalization, and the World System*）（King (ed.) op. cit.）一书中。

39. Snyder, op. cit.

40. Giddens, A. (1990) The Consequences of Modernity. Stanford, CA: Stanford University Press.

41. Robertson, R. (1991) Social theory, cultural relativity, and the problems of globality, in King (ed.), op. cit.

42. AlSayyad, N. (1992) Urbanism and the dominance equation: reflection on colonialism and national identity, in AlSayyad, N. Forms of Dominance: On the Architecture and Urbanism of the Colonial Enterprise. Brookfield, VT: Avebury.

43. AlSayyad, N. (2010) Culture, identity and urbanism: a historical perspective from colonialism and globalization, in Avermaete, T., Karakayali, S. and von Osten, M. (eds.) Colonial Modern: Aesthetics of the Past, Rebellions for the Future. London: Black Dog Publishing, 2010, p. 85.

44. Castells, M. (1992) The world has changed: can planning change? Landscape and Urban Planning, 22, pp. 73-78.

45. “虚拟现实”一词在20世纪80年代被引入计算机科学，用来指对视听体验的近乎精确的模拟。该领域现在逐步发展到对整体环境的模拟。

第七章

本章的不少材料都基于Kalay, Y.E., Kvan, T. and Affleck, J. (eds.) New Heritage: New Media and

Cultural Heritage. London: Routledge, 2008一书中我的“消费遗产或传统的终结：全球化的新挑战”一文中提出的各种观点；而这些观点也建立在我2001年的著作之上：Consuming Tradition, Manufacturing Heritage: Global Norms and Urban Forms in the Age of Tourism.

1. Crossette, B. (1998) Surprises in the global tourism boom. New York Times, 12 April, p. wk5.
2. Ibid.; and a review of Jokilehto, J. (1999) A History of Architectural Conservation. Oxford: Butterworth Heinemann, by Roaf, S. (2000) Traditional Dwelling and Settlements Review, 11(1), pp. 58-61.
3. Robins, K. (1997) What in the world's going on? in du Gay, P. (ed.) Production of Culture/Cultures of Production. Thousand Oaks, CA: Sage.
4. Gupta, A. and Ferguson, J. (1992) Beyond culture: space, identity, and the politics of difference. Cultural Anthropology, 7(1), pp. 6-23.
5. AlSayyad, N. (ed.) (2001) Consuming Tradition, Manufacturing Heritage: Global Norms and Urban Forms in the Age of Tourism. London: Routledge, p. 1.
6. AlSayyad, N. (ed.) (2004) The End of Tradition? London: Routledge.
7. Barber, B. (1995) Jihad vs. McWorld. New York: Ballantine Books.
8. Mitchell, T. (2002) McJihad: Islam in the US global order. Social Text, 20(4), pp.1-18.
9. Baudelaire, C. (1989) The eyes of the poor, in The Parisian Prowler: Le Spleen de Paris, Petits Poèmes en Prose, Kaplan, E.K. (trans.). Athens, GA: University of Georgia Press, pp. 65-66.
10. Simmel, G. (1996) The metropolis and mental life, in Simmel, G., Frisby, D. and Featherstone, M. (eds.) Simmel on Culture: Selected Writings. London: Sage, 转引自 AlSayyad, N. (2006) Cinematic Urbanism: History of the Modern from Reel to Real. New York: Routledge, p. 20.
11. Kostof, S. (1986) A History of Architecture. Oxford: Oxford University Press, p. 598, 转引自 Roy, A. (2004) ‘Nostalgia of the modern’, in AlSayyad, N. (ed.), op. cit., p. 67.
12. Friebe, W. (1985) Buildings of the World Exhibitions. Leipzig: Edition Leipzig, p. 13, 转引自Roy, op. cit., p. 68.
13. Mitchell, T. (1988) Colonising Egypt. Cambridge: Cambridge University Press, p. 13. For further discussion of this point, see Gregory, D. (1994) Geographical Imaginations. Oxford: Blackwell, p. 37, 转引自 Roy, op. cit., p. 69.
14. Bennett, T. (1988) The exhibitionary complex. New Formation, no. 4, p. 74.
15. Davison, G. (1982/1983) Exhibitions, in Australian Cultural History. Canberra: Australian Academy of the Humanities and the History of Ideas Unit, A.N.U., no. 2, p. 7, 转引自 Bennett, op. cit., p. 78.
16. Dean MacCannell在他1976年的著作The Tourist: A New Theory of the Leisure Class. New York: Schocken Books中，用“游客”一词来描述现代人的境况。在1989年版的同一本书中，他补充了现代人这一基本被异化的形象。
17. MacCannell, op. cit.
18. Urry, J. (2000) Sense, in Urry, J. Sociology Beyond Societies: Mobilities for the Twenty-First Centu,’y. London: Routledge, pp. 77-104, 转引自Urry, J. and Larsen, J. (2011) The Tourist Gaze 3.0. Los Angeles, CA: Sage, p. 18.

19. Buzard, J. (1993) The Beaten Track: European Tourism, Literature, and the Ways to Culture, 1800-1918. Oxford: Oxford University Press, 转引自Urry and Larsen, op. cit., p. 18.

20. Urry and Larsen, op. cit., p. 20.

21. Ibid., p.17.

22. Ibid., p.19.

23. Ibid.

24. Edensor, T. (1998) Tourists at the Taj: Performance and Meaning at a Symbolic Site. London: Routledge, pp. 127-128, 转引自Urry and Larsen, op. cit., p. 20.

25. Urry, J. (1995) Consuming Places. London: Routledge, p. 191, 转引自 Urry and Larsen op. cit., p. 20.

26. Haldrup, M. and Larsen, J. (2003) The family gaze. Tourist Studies, 3(1), pp. 23-45, 转引自Urry and Larsen, op. cit., p. 20.

27. Graburn, N. (2001) Learning to consume: what is heritage and when is it traditional? 一文参见：AlSayyad, N. (ed.) Consuming Tradition, Manufacturing Heritage: Global Norms and Urban Forms in the Age of Tourism. New York: Routledge, pp. 69.

28. Ibid.1 p.75.

29. Ibid., p.69.

30. Ibid., pp. 71-72.

31. 在某次工作坊中，菲尔·格伦（Phil Gruen）说到与建筑环境的“engagement”时口误说成了“engazement”。我借用了这个术语，因为它非常恰切地描述了游客在凝视条件下对建筑环境的参与。对这一概念描述的引用来自AlSayyad, N. (2001) Global norms and urban forms in the age of tourism: manufacturing heritage, consuming tradition, in AlSayyad (ed.) (2001), op. cit., p. 4.

32. Judd, D. and Fainstein, S. (1999) Cities as places to play, in Judd, D. and Fainstein, S. (eds.) The Tourist City. New Haven, CT: Yale University Press.就这方面而言，本书还包含了许多其他人提出的不同类别。

33. Lovine, J. (1998) A tale of two main streets: the towns that inspired Disney are searching for a little magic of their own. New York Times, 15 October.

34. Bryman, A. (2004) The Disneyization of Society. London: Sage, p. 11, 转引自Urry and Larsen, op. cit., p. 80.

35. Urry and Larsen, op. cit., p. 80.

36. Sorkin, M. (1992) See you in Disneyland, M. Sorkin, in Variations on a Theme Park: The New American City and the End of Public Space. New York: Hill and Wang, pp. 205, 210, and 211.

37. Ibid., p.226.

38. Ibid., p.227.

39. Ibid., p.231.

40. Gupta, A. and Ferguson, J. (1992) Beyond ‘culture’: space, identity, and the politics of difference. Cultural Anthropology, 7(1), pp. 6-22.

41. Franci, G. (2005) Introduction: Las Vegas and the postmodern grand tour, in Franci, G. Dreaming of Italy: Las Vegas and the Virtual Grand Tour. Bologna: Bononia University Press, pp. 21-22.

42. Ibid., pp. 16 and 19.

43. Ibid., p.20.

44. Ibid.

45. Achmadi, A. (2008) The architecture of Balinization, in Herrle, P. and Wegerhoff, E. (eds.) Architecture and Identity. Berlin: Lit Verlag, pp. 73-90.

46. Geertz, C. (1966) Person, Time and Conduct in Bali: An Essay of Cultural Analysis. New Haven, CT: Yale University Press Southeast Asia Studies.

47. Urry and Larsen, op. cit., p. 80.

48. Sathiendrakumar, R. and Tisdell, CA. (1985) Tourism and the development of the Maldives. Massey Journal of Asian and Pacific Business, 1 (1), pp. 27-34.

49. 可获取于英国广播公司网站。

50. Gable, E. and Handler, R. (1998) In Colonial Williamsburg: the new history meets the old. Chronicle of Higher Education, 30 October, pp. B10-12.

51. Ibid.

52. ‘Historic Centre of Sighisoara’, UNESCO World Heritage Site. 可获取于: http://whc. unesco.org/en/list/902/.

53. Tanasescu, A. (2006) Tourism, nationalism and post-Communist Romania: the life and death of Dracula Park. Journal of Tourism and Cultural Change, 4(3), p. 164.

54. Ibid., p.160.

55. 参见Duany, A., Plater-Zyberk, E., Kreiger, A. and Lennertz, W.R. (1991) Towns and Town-Making Principles. Cambridge, MA: Harvard University Graduate School of Design, p. 9, and LaFrank, K. (1997) Seaside, Florida: ‘the new town - the old ways’. Perspectives in Vernacular Architecture, 6, Shaping Communities, pp.111, 113.

56. Hall, D.D. (1998) Community in the New Urbanism: design vision and symbolic crusades. Traditional Dwelling and Settlements Review, 9(2), pp. 23-36.

57. Pollan, M. (1997) Town building is no Mickey Mouse operation. New York Times Magazine, 14 December; Ross, A. (1999) The Celebration Chronicle: Life, Liberty, and the Purist of Property Value in Disney New Town. New York: Ballantine Books; and Celebration community profile, 可访问: www.celebration.fl.us.

58.（美国）国家公园管理局。

59. Bristow, R. S. and Newman, M. (2005) Myths vs. facts: an exploration of fright tourism, in Bricker. K. and Millington, S.J. (eds.) Proceedings of the 2004 Northeastern Recreation Research Symposium March 28-30, 2004. Newtown Square, PA: USDA Forest Service, Northeastern Research Station, p. 216.

60. Gelder, L.V. (2005) Salem's new statue. New York Times, 17 June.

61. 可访问holysmoke网站。

62. 可访问gojerusalem网站。

63. Robins, op. cit., p. 33.

第八章

1. Eco, U. (1986 [1967]) Travels in hyperrealiy, in Eco, U. Travels in Hyperreality: Essays. SanDiego, CA: Harcourt Brace Jovanovich, p.8.

2. Ibid., p.7.

3. Ibid., pp.8, 10, 15-16, 18-19.

4. Ibid., pp.25-26, 39.

5. Ibid., pp.53, 56.

6. Ecclesiastes, 转引自Baudrillard, J.(1988) Simulacra and simulations, in Poster, M.(ed.) Jean Baudrillard: Selected Writings. Stanford, CA: Stanford University Press, p.169.

7. Baudrillard, op.cit, p.169.

8. lbid., p.170.

9. lbid., pp.171, 173.

10. Baudrillard, J.(1988) Astral America, in Baudrillard, J., America. London: Verso, p. 41.

11. Baudrillard(1988) , Simulacra and simulations, op.cit., p.173.

12. Deleuze, G.(1983) Plato and the simulacrum, Krauss, R. (trans.). October,27(winter), p.47.

13. Ibid., pp. 48-49, 52-53, 转引自Massumi, B. (1987) Realer than real. Copyright, no.1,p.91.

14. Massumi, op. cit., p. 95. 有关进一步说明，请参见Deleuze, G. and Guattari, F. (1988) A Thousand Plateaus: Capitalism and Schizophrenia, Massumi, B. (trans.).London: Continuum.

15. Deleuze, G. and Guattari, F. (1977) Anti-Oedipus, Hurley, R., Seem, M. and Lane, H.R. (trans.). NewYork: Viking, pp.87,210, 转引自Massumi, op. cit., pp.91,95.

16. Baudrillard, Simulacra and simulations, op. cit., p. 170.

17. Ibid., p. 174.

18. Ibid., pp. 175-176, 182-183.

19. 参见Anderson, B. (1991) Imagined Communities: Reflections on the Origin and Spread of Nationalism. London and New York: Verso; and Mitchell, T. (2002) Rule of Experts: Egypt, Techno-Politics, Modernity. Berkeley, CA: University of California Press.

20. Baudrillard (1988), Simulacra and simulations, op. cit., p. 169.

21. Thongchai, W. (1994) Siam Mapped: A History of the Geo-Body of a Nation. Honolulu: University of Hawaii Press, p. 130, 转引自Anderson, B. (1991) Census, map, museum, in Anderson, op. cit., p. 173. 值得注意的是Anderson引用了这本书（Thongchai,1988）的论文版本。

22. Anderson (1991), Census, map, museum, op. cit., p. 174.

23. Baudrillard (1988), Simulacra and simulations, op. cit., 参见第185页的第1条注释。

24. Ibid., p.171.

25. Baudrillard, J. (1988) Symbolic exchange and death, in Poster, M. (ed.) Jean Baudriliard: Selected Writings. Stanford, CA: Stanford University Press, p. 149.

26. Wigley, M. (1998) Constant's New Babylon: The Hyper-Architecture of Desire. Rotterdam: 010 Publishers, p. 63.

27. Perrella, S. (1998) Hypersurface theory: architecture > < culture, in Hypersurface Architecture, Architectural Design Profile, no. 133, pp. 6-15.

28. Ibid.

29. Emmer, M. (2004) Mathland: From Flatland to Hypersurface. Basel: Birkhauser; and Oosterhuis, K. (2003) Hyperbodies: Towards an E-motive Architecture. Basel: Birkhauser.

30. Debord, G. (183) The Society of the Spectacle. Detroit: Black & Red, p. 7, 转引自MacPhee, G. (2002) The disappearance of the world, in MacPhee, G. The Architecture of the Visible: Technology and Urban Visual Culture. London: Continuum, pp. 68-69.

31. Debord, G. (1994 [1967]) Unity and division within appearances, in Nicholson-Smith, D. (trans.), The Society of the Spectacle. New York: Zone Books, p. 36.

32. Ibid., p.46.

33. Barthes, R. (1979) The Eiffel Tower and Other Mythologies. New York: Hill and Wang.

34. MacPhee, G., op. cit., p. 73.

35. Baudrillard, Astral America, op. cit., pp. 33-34, 37.

36. Ibid., pp. 27-28.

37. Ibid., p.63.

38. Baudrillard, Simulacra and simulations, op. cit., p. 175.

39. Eco, op. cit., p. 43.

40. Ibid., pp. 28, 30-40.

41. Goffdiener, M., Collins, C.C. and Dickens, D.R. (1999) Media Vegas: hype, boosterism, and the image of the city, in Gottdiener, M., Collins, C.C. and Dickens, D.R, Las Vegas: The Social Production of an All-American City. Oxford: Blackwell, p. 69.

42. Ibid., p.92.

43. Ibid., pp. 93, 75.

44. Cantor, P (2000) Postmodern prophet: Tocqueville visits Vegas. Journal of Democracy, 11(1), p.113.

45. Ibid.

46. Ibid., p.117.

47. Rothman, H. (2003) Neon Metropolis: How Las Vegas Started the Twenty-First Century. New York: Routledge, pp. 38, 49.

48. Ibid., pp. 7-9, 14.

49. Fox, W. (2005) Edifice complex, in Fox, W. In the Desert of Desire: Las Vegas and the Culture of Spectacle. Reno, NV: University of Nevada Press, p. 10.

50. Ibid., pp. 17-18.

51. Gauntlett, D. (2002) Media, Gender and Identity: An Introduction. London and New York: Routledge, p. 96.

52. 上世纪90年代，萨斯基亚·萨森(Saskia Sassen)、曼纽尔·卡斯特(Manuel Castells)和约翰·弗里德曼(John Friedmann)等不同领域学者的著作中都提到了这种高级金融和房地产的全球城市模式。

53. Elsheshtawy, Y. (2010) Spectacular architecture and urbanism, in Elsheshtawy, Y. Dubai: Behind an Urban Spectacle. London: Routledge, p. 133.

54. Ibid., p.160.

55. Kanna, A. (2005) The 'state philosophical' in the 'land without philosophy': shopping malls, interior cities, and the image of utopia in Dubai. Traditional Dwellings and Settlements Review, 16(2), p. 62.

56. lbid.,p.69.

57. Ibid., p.71.

58. Ibid., p.62.

59. AlSayyad, N. (2001) Global norms and urban forms in the age of tourism: manufacturing heritage, consuming tradition, in AlSayyad, N. (ed.) Consuming Tradition, Manufacturing Heritage: Global Norms and Urban Forms in the Age of Tourism. London: Routledge, p. 16.

60. Davis, M. (2007) Sand, fear and money in Dubai, in Davis, M. and Monk, D. (eds.) Evil Paradises: Dreamworlds of Neoliberalism. New York: The New Press, pp. 49-51.

61. Ibid., pp.51,61.

62. 由列夫·托洛茨基（Leon Trotsky）提出的理论概念，转引自 Davis, op. cit., p. 54.

63. Ibid., pp. 55-61.

64. Ibid., p.62.

65. Ibid., p.63.

66. Davis, M. and Monk, D. (2007) Introduction, in Davis and Monk, op. cit., p. ix.

67. Ibid.

68. Ibid., p. xiv.

69. Ibid., p. xvi.

70. Ong, A. (2011) Introduction: worlding cities, or the art of being global, in Roy, A. and Ong, A. (eds.) Worlding Cities: Asian Experiments and the Art of Being Global. Chichester: Wiley-Blackwell, p. 11.

71. Broudehoux, A.-M. (2007) Delirious Beijing: euphoria and despair in the Olympic metropolis, in Davis and Monk, op. cit., pp. 87-88.

72. Ibid., p.100.

73. Ibid., p.104.

74. 促销棕榈泉（Palm Springs）的广告用语，转引自Ruggeri, L. 'Palm Springs': imagineering California in Hong Kong, in Davis and Monk, op. cit., p. 109.

75. Ibid.1 pp. 111-112.

第九章

1. Wilde, O. (1890) The Picture of Dorian Gray. New York: Lippincott's Monthly Magazine, p. 24.

2. United States Postal Service. (2010) A Holiday Gift to Business Milers Courtesy of the Postal Service. Press release no. 10-120, 9 December.

3. Bigalke, J. (2011) Statue of Liberty on U.S. stamp is a replica standing outside Las Vegas hotel and casino. Linn.com Stamp Monthly, 25 April.

4. 邮政总局后来邀请集邮家加入其公民邮票顾问委员会（Citizens Stamp Advisory Committee），该委员会的任务是审查邮票设计。据邮政总局的设计师特伦斯·麦卡弗里(Terrence McCaffrey)说，这个团队每三个月就会带薪到华盛顿特区审查设计并讨论主题。该组织还对计划发行的邮票进行校稿，以确保邮票上的内容是被需要的。然而，所有的邮票最终都是由邮票设计师选择的——在这个案例中，2010年12月退休的麦卡弗里偶然地发现了一个复制品被错当成了原作的例子。来源：Interview: Terrence W. McCaffrey, USPS's Stamp Dispenser, Government Computer News, 8 August 2011.

5. Healy, M. (2011) Economix: explaining the science of everyday life — the price of printing a bad stamp. New York Times, 16 April.

6. Logan, S. and Olshan, J. (2011) Sticking with ‘Lady’. New York Post, 16 April.

7. Anon (2011) Stamp shows wrong Statue of Liberty. Associated Press, 15 April.

8. Ibid.

9. Ruegner, M. (nd) USA, Nevada, Las Vegas, replica Statue of Liberty, close-up. Getty Images.

10. Williams, R. (1976) Keywords. A Vocabulary of Culture and Society. New York: Oxford University Press.

11. Oxford English Dictionary (2004) Oxford: Oxford University Press.

12. Oxford American Dictionary of Current English (1999) Oxford: Oxford University Press.

13. Oxford Dictionary of English (2010) Oxford: Oxford University Press.

14. Oxford English Dictionary (2009) Oxford: Oxford University Press.

15. The Oxford English Dictionary (1989) Oxford: Clarendon Press.

16. Ibid.

17. Benjamin, W. (1968) The work of art in the age of mechanical reproduction, in Benjamin, W., Arendt, H. and Zohn, H., Illuminations. New York: Harcourt, Brace & World, pp. 217-251.

18. Ibid., pp. 218, 224.

19. Ibid., p.224.

20. Ibid., p.220.

21. Trilling, L. (1970) Sincerity and Authenticity. Cambridge, MA: Harvard University Press.

22. Taylor, C. (1992) The Ethics of Authenticity. Cambridge, MA: Harvard University Press.

23. Ibid., p.16.

24. Bosker, B. (2013) Original Copies: Architectural Mimicry in Contemporary China. Honolulu: University of Hawaii Press.

25. lbid., p.25.

26. Bosker, B. (2013) Residential revolution: inside the twenty-first century Chinese dream, in Bosker, B. Original Copies, pp. 94-117.

27. Logan and Olshan, op. cit.

28. 参见Mitchell, T. (1991) Colonising Egypt. Berkeley, CA: University of California Press; 以及Wright, G. (1991) The Politics of Design in French Colonial Urbanism. Chicago, IL: University of Chicago Press.

29. AlSayyad, N. and Nam, S. (2013) Authenticity and the manufacture of heritage, in Smith, C. (ed.) Encyclopedia of Global Archaeology. New York: Springer.

30. Ibid.

31. Harvey, D. (1990) The Condition of Postmodernity: An Inquiry into the Origins of Cultural Change. Oxford: Basil Blackwell.

32. Rapoport, A. (1989) On the attributes of ‘tradition’, in AlSayyad, N. and Bourdier, J.-P. (eds.), Dwellings, Settlements, and Tradition: Cross-Cultural Perspectives. Lanham, MD: University Press of America, pp. 77-105.

33. AlSayyad and Nam, op. cit.

34. Goldberg, C. (1996) Bit of New York in Vegas — a virtual city: glitz, no grunge and a casino. New York Times, 16 May. 可访问：http://vvww.nytimes.com/1996/05/16/nyreg ion/bit-of-new-yawk-in-vegas-a-virtual-city-glitz-no-grunge-and-a-casino.html.

35. Ramirez, A. (2011) The Statue of Liberty holds its own against Las Vegas facsimiles. New York Times, 15 April.

36. 联合国教科文组织世界遗产名录（UNESCO World Heritage List）。

37. Khan, Y.S. (2010) Enlightening the World: The Creation of the Statue of Liberty. Ithaca, NY: Cornell University Press, p. 5.

38. Bartholdi, FA. (1885) The Statue of Liberty Enlightening the World Described by the Sculptor, F. A. Bartholdi, New York: North American Review, 转引自 Hayden, R.S., Despont, T.W., Post, N.M. and Cornish, D. (1986) Restoring the Statue of Liberty: Sculpture, Structure, Symbol. New York: McGraw-Hill, p. 21.

39. Hayden, Despont, Post, and Cornish, op. cit.

40. Khan, op. cit., pp. 1-10.

41. Hayden, Despont, Post, and Cornish, op. cit., pp. 26-27, 30.

42. Khan, op. cit., pp. 1,24, 33.

43. Hayden, Despont, Post, and Cornish, op. cit., p. 28, 30, 25.

44. 参见Baudrillard, J. (1988) Simulacra and simulation, in Poster, M. (ed.) Jean Baudrillard: Selected Writings. Stanford, CA: Stanford University Press, pp. 169-187; 以及 Eco, U. (1986) Travels in hyperreality, in Eco, U. Travels in Hypperrealily: Essays, San Diego, CA: Harcourt Brace Jovanovich, 1986.

45. Hobsbawm, E. and Ranger, T.(eds.) (1983) The Invention of Tradition. Cambridge: Cambridge University Press, p. 1.

46. AlSayyad and Nam, op. cit.

47. Chipp, H.B. (1988) Picasso's Guernica: History, Transformation, Meanings. Berkeley, CA: University of California Press, pp. 166-167.

48. Ibid., pp. 195-196.

49. Arnhem, R. (1962) Picasso's Guernica: The Genesis of a Painting. Berkeley, CA: University of California Press, p. 5.

50. Barr Jr., A.H. (1945) Picasso, 1940-1944: A Digest with Notes. New York: Museum of Modern Art, p. 3.

51. Chipp, op. cit., p. 156.

52. Ibid., pp. 167-168.

53. Boal, I.A. (2005) Afflicted Powers: Capital and Spectacle in a New Age of War. London: Verso, p. 16.

54. Van Hensbergen, G. and Picasso, P (2004) Guernica: The Biography of a Twentieth-Century Icon. New York: Bloomsbury, pp. 1-2.

55. Winkler, C. (2003) The ‘Guernica’ Myth. The Weekly Standard, 16 April.

56. 参见Herrige, E. (2010) The Picasso-Dürrbach Tapestry at the Whitechapel: Peter Brooke interviewed by Elizabeth Herridge. The Art Book, 17(1), pp. 32-33; 以及 Daizell, RE and Dalzell, L.B. (2007) The House the Rockefellers Built: A Tale of Money, Taste, and Power in Twentieth-Century America. New York: Henry Holt.

57. Miller, D.C., Rockefeller, N.A., Boltin, L. and Lieberman, W.S. (1981) Masterpieces of Modern Art: The Nelson A. Rockefeller Collection. New York: Hudson Hills Press, p.17, 转引自 Altman, C. (2011) Spotlight on collections: Guernica tapestry at Kykuit. 最初可访问：http://historicsites.wordpress.com/2011/04/28/ spotlight-on-collections-guernica-tapestry-at-kykuit，但后来被撤销。

58. Lieberman, W.S. (1948) Modern French tapestries. The Metropolitan Museum of Art Bulletin, 6(5), pp. 142-143, 146-147.

59. Ibid.,p.142.

60. Ibid.,p.143.

61. Ibid.

62. Altman, op. cit.

63. Ibid.

64. Altman, op. cit., citing ‘Letter from Christian Heck, Curator of Unterlinden Museum, Colmar to David Rockefeller’, Nelson A. Rockefeller Guernica files of KPL, 26 February 1980.

65. Altman, op. cit.

66. Altman, op. cit., 引用了挂毯合同, 来自洛克菲勒档案中心/ Nelson A. Rockefeller艺术档案馆/毕加索挂毯档案，1955年4月19日。

67. 牛津英语辞典，第三版。

68. Eco, op. cit., p. 6.

69. Ibid.,p.19.

70. Tagore, R. (1997) The legacy of anti-tradition. Art India: The Art News Magazine of India, 2(1), p. 290.

71. Ramesh, R. (2008) Bangladeshi director to build mini-Taj Mahal. The Guardian, 9 December.

72. Preetha, S.S. (2012) Taj Number 420. The Daily Star, 11 (39).

73. 可访问liveindia网站。

74. 参见 Dummett, M. (2008) Bangladesh to open own Taj Mahal. BBC News, 9 December.

75. 广厦天都城集团，广厦天都城，天都城住宅物业销售手册。检索自杭州广厦房地产办事处，2008年10月。转引自 Bosker, op. cit. p. 56.

76. Bosker, op. cit., pp. 56, 47-48.

77.Ibid., 45-46

78. Ibid., p. 47, 28.

79. Bosker, op. cit, pp. 61-62, 113.

80. Li, C. 采访 Bianca Bosker, 2008年9月30日, 转引自 Bosker, op. cit., p. 109.

81. AlSayyad, N. (2001) Global norms and urban forms in the age of tourism: manufacturing heritage, consuming tradition, in AlSayyad, N. (ed.) Consuming Tradition, Manufacturing Heritage: Global Norms and Urban Forms in the Age of Tourism. New York: Routledge, p. 11.

82. Wilson, C. (1997) The Myth of Santa Fe: Creating a Modern Regional Tradition. Albuquerque, NM: University of New Mexico Press, p. 1.

83. 可访问圣塔菲市政府网站。

84. Hobsbawm and Ranger, op. cit.

85. 可访问联合国教科文组织网站。

86. Tobias, H.J. and Woodhouse, C.E. (2001) Santa Fe: A Modern History, 1880-1990.Albuquerque, NM: University of New Mexico Press, pp. 72-78.

87. Ibid., p. 75.

88. Wilson, op. cit., p. 110.

89. Ibid., p. 122.

90. lbid.. p. 124.

91. lbid., pp. 7-8.

92. lbid., p. 313.

93. Ibid,. pp. 313, 232.

94. Baudrillard, op. cit., pp. 169-187.

95. Rothman, H. (2003) Neon Metropolis: How Las Vegas Started the Twenty-First Century. New York: Routledge, pp. 27, 63.

96. AlSayyad and Nam, op. cit.

97. Venturi, R., Brown, D.S. and Izenour, S. (1977) Learning from Las Vegas: The Forgotten Symbolism of Architectural Form. Cambridge, MA: MIT Press, p. 53.

98. Baudrillard, op. cit., p. 183

99. 可访问巴黎—拉斯维加斯赌场大酒店网站。

100. AlSayyad, op. cit., pp. 1-33.

101. AlSayyad and Nam, op. cit.

102. AlSayyad, op. cit., p. 11.

103. Wilson, op. cit., p. 4.

104. AlSayyad and Nam, op. cit.

105. Bosker, op. Cit., p. 47.

106. Canaves, S. (2009) Goodbye Holland village: a development mired in corruption goes down. Wall Street Journal, 7 April 2009. 转引自 Bosker, Original Copies, p. 47.

107. Hassenpflug, D. (2008) European urban fiction in China. EspacesTemps.net, 11 October. 《中国荷兰村：废墟中的梦想》，2006年6月22日。转引自 Bosker, op. cit., p. 47.

108. Bosker, op. cit. p. 28.

109. AlSayyad, op. cit. p. 26.

第十章

1. Benjamin, W. (1968) The work of art in the age of mechanical reproduction, in Arendt, H. and Zohn, H. (eds.) Illuminations. New York: Harcourt, Brace and World, p.224.

2. lbid., p.227.

3. Shields, R. (2003) The return of the virtual, in Shields, R. The Virtual. London: Routledge, p. 3.

4. Ibid., p.15.

5. McLuhan, M. (1964) The medium is the message, in McLuhan, M. Understanding Media: The Extensions of Man. New York: McGraw-Hill, p. 9.

6. Baudrillard, J. (1997) Aesthetic illusion and virtual reality, in Zurbrugg, N. (ed.) Jean Baudrillard: Art and Artefact. London: Sage, pp. 19 and 20.

7. Ibid.

8. Ibid., p.22.

9. AlSayyad, N. (2011) Cairo's roundabout revolution. New York Times, 23 April.

10. 由于穆巴拉克之子骑着“骆驼和马”游行到塔利尔广场，这场城市之战后来被称为“骆驼之战”。参见AlSayyad, N. (2012) The virtual square: urban space, media, and the Egyptian uprising.

Harvard International Review, Summer, p. 60.

11. Herrera, L. (2011) Egypt's revolution 2.0: the Facebook factor. Jadaliyya, 12 February.

12. El-Mahdi, R. (2011) Orientalising the Egyptian uprising. Jadaliyya, 11 April.

13. Ibid.

14. Burris, G. (2011) Lawrence of E-rabia: Facebook and the new Arab revolt. Jadaliyya, 17 October.

15. 正如布里斯在上述文献中所指出的："很明显，技术作为能动性煽动者的观点并不是被平等采用的。事实上，在2009年匹兹堡20国集团峰会等活动上，当Twitter等社交媒体网站被用来协调西方抗议者的示威活动时，新闻专线通常不会踊跃谈论Facebook和YouTube是如何引发骚乱的。不，只有当技术被用于'他们'、而非'我们'的抗议时，才会被认为是引发骚动的原因。这是一个至上主义者的逻辑；'我们'使用技术，但'他们'则被技术利用。"

16. Amar, P (2011) Why Egypt's progressives win. Jadaliyya, 8 February.

17. Ibid.

18. AlSayyad, op. cit.

19. AlSayyad, op. cit., p. 60.

20. Ibid., pp. 62-63.

21. Boyer, M.C. (1996) Memory systems and imaging the city, in Boyer, M.C. CyberCities: Visual Perception in the Age of Electronic Communication. New York: Princeton Architectural Press, p. 149.

22. 《模拟城市》（*SimCity*）于1993年发展为《模拟城市2000》；1999年发展为《模拟城市3000》；2003年发展为《模拟城市4》。

23. Phillips, A. (2002) The Image of the Simulated City: SimCity 2000 and Popular Perceptions of the City. MS thesis (Architecture), University of California, Berkeley, p.23.

24. Kolson, K. (1996) The politics of SimCity. PS: Political Science and Politics, 29(1), p. 44.

25. Phillips, op. cit., p. 67.

26. 《第二人生》使用自己的货币单位"林登元(L$)"，该货币可转换成美元等实际货币。截至2007年，267林登元相当于1美元。参见Harrison, R. (2009) Excavating Second Life: cyber-archaeologies, heritage and virtual communities. Journal of Material Culture, 14(75), pp. 76-106. 例如，一位台湾玩家Anshe Chung就通过这种"虚拟业务"成为了"千万富翁"。参见Shaw, I.G.R. and Wark, B. (2009) Worlds of affect: virtual geographies of video games. Environment and Planning A, 41, p. 1334.

27. Bonsu, S.K. and Darmody, A. (2008) Co-creating Second Life: market-consumer cooperation in contemporary economy. Journal of Macromarketing, 28(4), p. 356.

28. Ibid., p.361.

29. Shaw and Wark, op. cit., p. 1335.

30. Harris, H., Bailenson, J.N., Nielsen, A. and Yee, N. (2009) The evolution of social behavior over time in Second Life. Presence, 18(6), p. 436.

31. Harrison, op. cit., p. 80. 当居民们发现他们自己在第二人生的在线虚拟生活和他们的现实生活之间没有区别时，作者用"the actual（真实）"一词来代替现实（real）。

32. Ibid., p.95.

33. Staba, D. (2007) A pretend web romance, then a real-life murder. New York Times, 7 January.

34. 同上，可关注（美国）地区副检察官约翰·德弗兰克斯（John J. DeFranks）的陈述：“这个案件的独特之处在于，每个人似乎都在误导他人，导致暴力死亡的整个情势本是可以避免的。讽刺的是，唯一说出真相的人是受害者。”

35. Stanage, N. (2007) From Second Life to second-degree murder. The Guardian, 16 January.

36. Shields, op. cit., p. 21.